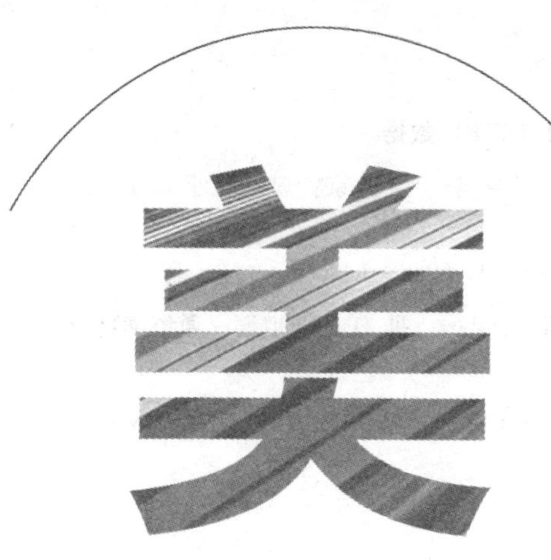

职场美德

吴 岳 编著

煤炭工业出版社
·北 京·

图书在版编目（CIP）数据

职场美德 / 吴岳编著. --北京：煤炭工业出版社，2018

ISBN 978-7-5020-6968-1

Ⅰ. ①职… Ⅱ. ①吴… Ⅲ. ①职业道德—通俗读物 Ⅳ. ①B822.9-49

中国版本图书馆 CIP 数据核字（2018）第 245178 号

职场美德

编　　著　吴　岳
责任编辑　马明仁
编　　辑　郭浩亮
封面设计　荣景苑

出版发行　煤炭工业出版社（北京市朝阳区芍药居 35 号　100029）
电　　话　010-84657898（总编室）　010-84657880（读者服务部）
网　　址　www.cciph.com.cn
印　　刷　永清县晔盛亚胶印有限公司
经　　销　全国新华书店

开　　本　880mm×1230mm $^{1}/_{32}$　**印张**　$7^{1}/_{2}$　**字数**　200 千字
版　　次　2019 年 1 月第 1 版　2019 年 1 月第 1 次印刷
社内编号　9848　　**定价**　38.80 元

前 言

一个人永远都应该同时做两份工作，一份是正在做的工作，一份是内心真正想要做的工作。如果你对待正在做的工作就和真正想做的工作一样认真负责，那么你离成功也就不远了。因为你这样是在为未来做准备，是在学习比目前的工作所需的更多技能，甚至是成为老板或者董事长的技能。

即使你精通某项工作，也不要沉迷于一时的成就。尽快考虑一下未来，思考能不能进一步完善你的工作，这会让你在以后的人生中不断进步。

职场也同战场一样，每天都充斥着竞争，每天都在上演着“优胜劣汰”的悲喜剧，要想在这人生战场上生存下来，并不是一件简单的事。但是，只要你具备了美德，你就能够找到自己的

生存价值。

在21世纪，人才是企业发展进步的助推器，所以留住人才成为企业发展的第一要务。然而在现实生活中，我们常常发现，有的企业并不缺乏人才，有的甚至人才济济，却依然面临发展的困境乃至被淘汰的结局，究其原因，就在于他们的人才普遍缺乏忠诚、敬业、诚信、感恩、勤奋之类的美德，而这些是人才必备的素质。

作为职场人士，我们一定要认识到无论是职场“老人”，还是新人，只有能力和业绩是远远不够的，我们还需要一个重量级的武器——美德。职场美德，它包括重压下的勇敢、逆境中的自信、艰苦中的勤勉和奋发、平凡工作中的激情与敬业、契而不舍的求知精神和挫折中的执着，就是这些会为你创造出巨大的人格魅力，它的能量足以扫除你工作中的一切障碍!

想要做一个优秀的员工，究竟要怎样做才能使自己的工作充满色彩呢?

本书结合现实工作的问题，深入浅出地阐述了一个优秀员工必须具备的职业精神和职业美德，这些精神和美德，也正是每个优秀员工所应该具备的!

目录

|第一章|

忠诚胜于能力

|第二章|

服从是美德

|第四章|

没有任何借口

|第五章|

让自己充满热情

第一章 忠诚胜于能力

忠诚是一种美德

忠诚是职场中最值得重视的美德，因为每个公司的发展和壮大都是靠员工的忠诚来实现的，如果所有员工对公司都不忠诚，那么这个公司的必然结局就是倒闭，那些不忠诚的员工自然也会失业。

一位总裁曾说："我的用人之道一个很重要的标准就是忠诚。当我们争论一个问题时，忠诚意味着你把自己的真实想法告诉我，不管你认为我是否喜欢它。意见不一致，在这一点上，让我感到兴奋。但是一旦作出了决定，争论终止，从那一刻起，忠诚意味着必须按照决定去执行，就像执行你自己作出的决定一样。"

布斯是福特公司的业务部副经理，刚刚上任不久。他年轻能干，毕业短短两年能够有这样的业绩也算是表现不俗了。然

而半年之后，他却悄悄离开了公司，当时没有人知道他为什么离开。

布斯离开公司之后，找到了他原来在公司关系不错的同事汉克。在酒吧里，布斯喝得烂醉，他对汉克说："知道我为什么离开吗？我非常喜欢这份工作，但是我犯了一个错误，我为了获得一点儿小利，失去了作为公司职员最重要的东西。虽然总经理没有追究我的责任，也没有公开我的事情，算是对我的宽容，但我真的很后悔，你千万别犯我这样的低级错误，不值得啊。"

汉克尽管听得不甚明白，但是他知道这一定和钱有关。后来，汉克知道了，布斯在担任业务部副经理时，曾经收过一笔款子，业务部经理说可以不下账了："没事儿，大家都这么干，你还年轻，以后多学着点儿。"布斯虽然觉得这么做不妥，但是他也没拒绝，半推半就地拿走了5000美元。当然，业务部经理拿到的更多。没多久，业务部经理就辞职了。后来，总经理发现了这件事，布斯不能在公司待下去了。

汉克看着布斯落寞的神情，知道布斯一定很后悔，但是

有些东西失去了是很难弥补回来的。布斯失去的是对公司的忠诚，布斯还能奢望公司再相信他吗？即便是他想重新开始，要想赢得公司的信任也很难了。

一个人无论是什么原因，只要失去了忠诚，就失去了人们对他最根本的信任，因此，不要为自己所获得的一点儿利益而沾沾自喜，其实仔细想想，失去的远比获得的多，而且你得到的东西可能最终也不属于你。

真正聪明且富有智慧的员工一定会选择做一个忠诚的人，因为忠诚能帮助你施展才华。失去忠诚，再大的才华也不会有发挥的舞台。

同样，“忠诚”也是所有企业对员工的最基本的品质要求，当然，也是我们每个员工必备的职业素养。只有具备了“忠诚”的素质，我们才会以企业为家，真正关心企业的兴衰成败；才能真正与企业荣辱与共，认真思考企业经营发展之道；才愿意将自己所有的聪明才智奉献给企业，以自己有能力为企业的发展壮大添砖加瓦为荣。忠诚是职场中最应值得重视的美德，企业的存在和发展都靠员工来支撑，如果员工失去了对公司的忠诚，或泄露公司秘密，或频频跳槽，或“身在曹营心在汉”，那公司面临的只有破产，员工面临的只有下岗。只有所有的员工对企业忠诚，

才能发挥出团队的力量，才能拧成一股绳，劲往一处使，推动企业走向成功。一个公司的发展依靠少数员工的能力和智慧，生存却需要绝大多数员工的忠诚和勤奋。

健全的品格使你不会为自己的声誉担忧。正如托马斯·杰斐逊所说：“成功之人就是敢做敢当的人。如果你由衷相信自己的品格，确定自己是个诚实可信、和善、谨慎的人，内心就会产生出非凡的勇气，而无惧他人对你的看法。”

忠诚是一种特质，能带来自我满足、自我尊重，是一天24小时都伴随我们的精神力量。人既可以充分控制和掌握无形的自我，引导我们获得荣誉、名声及财富，也可能将我们放逐到失败的悲惨境地。

一个人失去了忠诚，就等于失去了发展的机会，失去了安身立命之本。没有一个老板愿意将自己的心血付之于背叛他的人，忠诚可以换来老板的信任和重用，不忠诚则很难长久立足于企业，甚至将无法立足于社会。

请重视忠诚品质吧，因为它是你安身立命的资本，只有拥有它，你的事业才能得到很好的发展，你的价值才能得到展现。

忠诚，不仅会让一个人获得更多的成功机会，更重要的是使一个人获得了弥足珍贵的美德。到任何时候，美德都不会贬值。

忠于职守

现代管理学普遍认为，老板和员工是一对矛盾的统一体，从表面上看起来，彼此之间存在着对立性——老板希望减少人员开支，而员工希望获得更多的报酬。但是，在更高的层面上，两者又是和谐统一的——公司需要忠诚和有能力的员工，公司才能发展；员工必须依赖公司的业务平台才能获得物质报酬，满足精神需求。因此，对于老板而言，公司的生存和发展需要员工的敬业和忠诚；对于员工来说，丰厚的物质报酬和精神上的成就感离不开公司的存在。

老板在用人时不仅仅看重个人能力，更看重个人品质，而品质中最关键的就是忠诚度。在这个世界上，并不缺乏有能力的人，那种既有能力又忠诚的人才是每一个企业所需求的理想人才。人们宁愿信任一个能力差一些却足够忠诚敬业的人，而

不愿重用一个朝三暮四不忠诚的人，哪怕他能力非凡。如果你是老板，你肯定也不会用一个不忠诚的人。

下级对上级的忠诚可以增强老板的成就感和自信心，增强集体竞争力，使公司兴旺发达。一个忠诚的人十分难得，一个既忠诚又有能力的人更是难求。忠诚的人无论能力大小，老板都会给予重用，这样的人走到哪里都有大门向他们敞开。相反，能力再强，如果缺乏忠诚，也往往被人拒之门外。毕竟在人生的事业中，需要用智慧来做出决策的大事很少，需要用行动来落实的小事甚多。少数人需要智慧加勤奋，而多数人却要靠忠诚和勤奋。

当今社会，忠诚已经变得越来越稀缺了。许多公司花费大量资源，对员工进行培训。然而，当他们积累了一定的工作经验后往往一走了之，有些甚至不辞而别。那些留在公司的员工则整天抱怨公司和老板无法提供良好的工作环境，将全部责任归咎于老板。但是，在管理机制良好的公司，跳槽现象也频繁发生，员工同样也不安分。因此，不得不使我们将视线转移到员工本身的心态上来。结果发现，大多数情况下，跳槽并非公司和老板的责任，更多在于员工对于自身目标以及现状缺乏正确的认识。他们过高估计了自身的实力，同时对那些向他们频

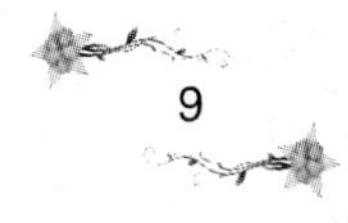

频招手的公司抱有过高的期望。

当这种风气蔓延到整个商业领域时，许多具有一定忠诚度的员工也受到传染而投身到跳槽大军中，使整个职业环境继续恶化。

缺乏忠诚度、频繁地跳槽，直接受到损害的是企业，但从更深层次看，对员工的伤害更深，无论是个人资源的积累，还是所养成的“这山望着那山高”的习惯，都使员工的价值有所降低。这些人对自己的内心需求没有认真反思，对自己奋斗的目标没有清晰的认识，自然无法选择自己的发展方向。

拥有忠诚就拥有了竞争力，我们所讲的“德才兼备”，是以德为先的，而最大的德莫过于忠诚。具有良好的道德就是我们一生最宝贵的财富，这种财富不会随着时间流逝而消失，只要你遵守人性道德，它将成为你永久的优势和财富。

忠诚这种资源，表面上看，它无形，可就是这看似无形的力量将会影响你的人生。尽管现如今的商品化社会影响了很多人做人的原则，社会上充斥着“一切向钱看”的拜金主义，而忠诚、善良等一些美德却被人抛弃。但“物以稀为贵”，越稀有的东西，就越有价值。无论何时，无论何地，只要你拥有了高尚的品格，它就如同隐藏在你身上的金子一样，或许会一直默默无闻，并没有让你马上光彩照人，但它却是经得住考验的，久而久之，任何人也掩盖不了它的光芒，也能点亮你的前途。

忠诚是一种职业生存方式

忠诚的品质利于人们在社会上的生存，因为这是个人优秀品质中最闪光的部分。职场犹如战场，身在职场中的每个人，都应该把忠诚作为一种职场生存方式。

对于经营者来说，普通员工需要有责任心，中层员工不但要有责任心还要有上进心，而对于高层人士来说最重要的是对公司价值观的认同，要有和公司一同发展的事业心，因此，越往高处走，对忠诚度的需求就越高；相应的，你的忠诚度越高，就越有可能获得提升。

忠诚不是凭口说的，需要经受考验。你忠于公司吗？忠于老板吗？如何能证明你是忠诚的呢？所谓患难见真情，忠诚也是如此。企业面临危机之际，正是检验员工忠诚度之时。但是，毕竟一个企业不可能总处在危机中，发展时期又如何来考

验员工的忠诚度呢？于是，老板们就会想出一些办法来制造危机，来“折腾”员工。

查理到某大公司应聘部门经理，老板提出要有一个考察期。但没想到上班后被安排到基层商店去站柜台，做销售代表的工作。一开始查理无法接受，但还是耐着性子坚持了三个月。后来，他认识到，自己对这个行业不熟悉，对这个公司也不十分了解，的确需要从基层工作学起，才可能全面了解公司、熟悉业务，何况自己拿的还是部门经理的工资呢。

虽然实际情况与自己最初的预期有很大的差距，但是查理懂得这是老板对自己的一种考验。他坚持下来了，三个月以后他全面承担部门的职责，并且充分利用三个月最基层的工作经验，带领团队取得了良好的业绩。半年后，公司经理调走了，他得以提升；一年以后，公司总裁另有任命，他被提升为总裁。在谈起往事时，他颇有感慨地说：“当时忍辱负重地工作，心中有很多怨言。但是我知道老板是在考验的我忠诚度，于是坚持了下来，最终赢得了老板的信任。”

一切商业经营活动，老板承担的风险是最大的。企业破产了，老板可能要跳楼，员工则可以转换门庭。因此，许多老

板常常反复考验员工的忠诚度，为公司出现危机时做好充分准备。因为他相信忠诚是考验出来的，不是嘴上说的。所谓“天将降大任于斯人也，必先苦其心志，劳其筋骨……”，你的老板不断折腾你，也许正是器重你的信号，他正在考验你的忠诚度，以便为其重用。

无论是发自内心的施与，还是接受老板的折腾，忠诚都是一种情感和行为的付出。当你开始付出时，你将很快会得到收获。

有一个古老的传说，一位口渴难耐的旅行者来到沙漠中的一口井前。井壁上贴有一张便条，向路人说明附近埋了一个水瓮，可以用来汲水。便条上写着：“收受之前先付出。”于是，摆在旅行者面前的有两种选择：是喝掉瓮里的水，还是用少量储存的水汲引更多冰凉而纯净的水。

收受之前先给予，你不能期望先获得丰厚的报酬，然后才决定是否给予回报。正如牧师法兰克·格兰先生曾经说过的：“如果你忠实于他人，有可能受到欺骗，但是如果你忠诚不足，就会活得十分痛苦。”

人一生恐怕要走几条路，才能达到自己想要达到的地方。从职业的角度，难免要调换几种工作。但是这种转换必须依托于整体的人生规划。盲目跳槽，虽然在新公司收入能有所增

加，但是，一旦养成了这种习惯，跳槽不再是目的，而成为一种惯性。

著名银行家克拉斯年轻时也在不断地变动工作，但是他始终抱有一种理想——想管理一家大银行。他曾经做过交易所的职员、木料公司的统计员、簿记员、收账员、折扣计算员、簿记主任、出纳员、收银员等，试了一种又一种，最后才接近自己的目标。

他说："一个人可以有几条不同路径达到自己的目的地。如果能在一个机构里学到自己所需的一切学识和经验当然很好，但大多数情况下需要经常变换自己的工作环境。面对这种情况，我认为他必须懂得自己想做什么，为什么要这样做。

"如果我换工作仅仅是为了每周多赚几块钱，恐怕我的将来早为现在而牺牲了……我之所以换工作，完全是因为现在的公司和老板无法再给我带来更多的教益了。"

"此处不留爷，自有留爷处。"人们在跳槽时如此潇洒，但是真正面对工作时又是如此无奈。一个频繁转换工作的人，在经历了多次跳槽后，发现自己不知不觉中形成了一种习惯：工作中遇到困难就想跳槽；人际关系紧张也想跳槽；看见好工作（无非是多挣几个钱）时又想跳槽；有时甚至莫名其妙就是

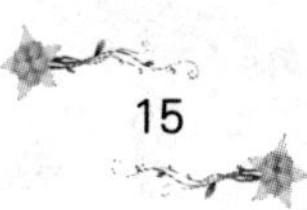

想跳槽，总觉得下一个工作才是最好的，似乎一切问题都可以用转移阵地来解决。这种感觉使人常常产生跳槽的冲动，甚至完全不负责任地一走了之。

久而久之，自己不再勇于面对现实，积极主动克服困难了，而是在一些冠冕堂皇的理由下回避、退缩。这些理由无非是不符合自己的兴趣爱好、老板不重视、命运不济、怀才不遇、别人不理解等等，幻想着跳到一个新的单位后所有问题都迎刃而解。

现在的年轻人丧失了成就事业最宝贵的忠诚和敬业精神，变得心浮气躁，凡事浅尝辄止、遇难而退，这山望着那山高，空有远大理想，无心执着追求。可谓个人之悲，国家之悲，社会之悲！

做一个忠诚者

作为企业的一名员工，应该以忠诚的态度投入到工作当中，对老板也好、对同事也罢，我们都应该保持忠诚。这不仅仅只是一种职业道德，还是我们能否实现自我价值的素质之一。

忠诚是一种特质，能带来自我尊重和前进的动力，是一天24小时都伴随我们的精神力量。忠诚意味着正直和遵守诺言，每一个尊重自己和尊重别人的人，都会在行动中严格遵循这一格言——诚实地按照自己所设想的去做，把高尚的人格融入自己的工作之中，认真细致地做好每一件事，他就会为自己的诚实正直和自己的良心而感到自豪，如果一家公司里的员工缺乏忠诚，那么相应的责任感就差。老板一不注意，员工就懈怠下来，没有监督就不工作，遇到难题就找出借口掩盖自己的责任心。干活儿的时候敷衍了事，做一天和尚撞一天钟，从来不愿

多做一点儿工作。但到了玩乐的时候却兴致万丈，得意的时候春风满面，领工资的时候争先恐后。比如，修好墙上一个破洞，帮老板把几箱货物放在该放的地方，随时记下几笔零碎的账目，都只不过是举手之劳，却可以给老板省下很多时间和金钱，但他们就是不愿意这样做。如果是自己的生意，他们会袖手旁观，置之不理吗？

作为一个员工来讲，仅仅有忠诚是远远不够的，真正的忠诚是行动，是你办事的能力，是解决问题的本领。在当商业社会，传统的对待职业的态度，已经越来越不适应了，只有忠诚远远不够，那些事情待命而行，满足于完成交付给自己的任务的员工，将会越来越力不从心。那些能自己管理、领导自己的员工，才是雇主、企业到处寻找的人。

开利是一个大型装饰公司的设计员。一天，公司通知他回家待岗。他和他的同事对此都很意外，因为开利一直以来都很敬业，业务水平也很高。这个消息对于开利来说无异于晴天霹雳，本来就拮据的生活因此变得异常窘迫。

被辞退一周以后，开利连续几天都接到了一些公司邀请他去上班的电话。他们的大致意思都是：你是个优秀的设计员，虽然你没有什么名气，但行内都知道你，我是你原公司的竞争

对手，希望你能带着你以前的设计图纸，到我们公司来上班，我们会给你比原来高几倍的薪水。

开利断然拒绝了这几个公司的好意，并为公司有如此多的对手而担忧。

一个星期后，开利很意外地被原公司通知去上班，老板把代表公司最高荣誉的奖章——忠诚奖章发给了他，同时老板还提拔他为设计总监。

原来，那几个电话，都是原公司安排人打的，那不过是公司的高级主管任命前的考察而已。

在这个公司看来，忠诚是一个人最为高贵的品质。在这个世界上并不缺乏有能力的人，那种既有能力又忠诚的人才是最为理想的人才。

所有的领导宁愿信任一个能力差一些却足够忠诚敬业的人，而不愿重用一个朝三暮的人，哪怕他能力非凡。对上司的忠诚，对朋友的忠诚，对下级的诚信，是一个人成功的关键。

如果我们想让自己在一家企业中立足，并站稳脚跟，得到领导的认可和同事的信任，就必须要怀有忠诚。很多人之所以始终都找不到适合自己的工作，就是对忠诚的认识不够。在工

作当中，我们总会和同事产生矛盾，其实这并不奇怪，只要我们与领导和同事多沟通，我们就能解决这些矛盾，但是，很多人却不愿意这么做，其原因就是这些人的思想当中根本就没有忠诚的理念。他们无论面对任何人总是虚情假意，他们为了达到自己的目的，总是可以出卖任何人。面对这样的人，没有人愿意同他交往，大家都会疏远他，以此避免受到一些无谓的伤害。由于他受到同事们的排斥，也就意味着他根本就不可能融入到这个集体当中，等待他的只能是被大家抛弃，最终辞职走人。究其原因，还是这个人缺少忠诚。

其实，忠诚并不是通过任何环境和个人行为的强压才会产生的，一个忠诚的人无论在做任何事情的时候，都会以坦诚的方式与人沟通，他们不是只在别人要求或是受环境逼迫的时候才会坦诚，而是无论在任何时候，面对任何事情，只要自己认为是正确的，他们都会以诚待人。

通常你忠诚对待别人，别人也会对你真诚、友好。尤其在职场中，上级或老板都喜欢有忠诚的部属为其所用。事实上，任何人均不能容忍或原谅别人对自己不忠诚，具有忠诚品质的人才能受到社会的欢迎。

忠诚让我们成为领导层的“自己人”，让我们获得信任、

机遇和提升，最终实现我们的人生目标。

这个世界到处都充满着诱惑，说不定什么时候我们就掉入了陷阱。诱惑随时可能让一个人背叛自己所信守的情感、道德和工作原则。因此，忠诚是可贵的。忠诚是一种与生俱来的义务，忠诚是发自内心的情感。

世事复杂，瞬息万变，思想深植于心灵，不同的人对于人生的理解千差万别。人们常常会认为，坦诚之人穷困潦倒，虚伪之人却功成名就。这实际上是一种错误的见解，往往是只看到事物的表象。不诚实的人可能具有他人所没有的美德，诚实的人也可能有别人所没有的陋习。诚实的人因为美德而有丰富的回报，同时也必须接受陋习给自己带来的惩罚，不诚实的人同样也承受着自己的痛苦与快乐。

人们往往因为虚荣心，就自以为是地认为自己是因美德而遭受苦难。一个人只有摈弃思想的杂念，荡涤心灵的污点，才会真正认识到自己遭受的苦难实际上是上苍对美德的考验，而非恶行的报应。

每次当你为他人加倍付出一分，他就因此而对你承担一分义务。当你真诚对待你的老板，相信他也会真诚对待你。

忠诚并不是从一而终，而是一种职业的责任感。不是对某

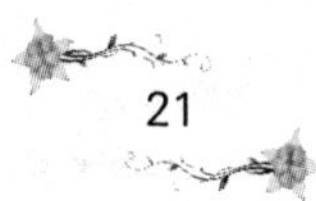

个公司或者某个人的忠诚，而是一种职业的忠诚，是承担某一责任或者从事某一职业所表现出来的敬业精神。

一个人可能会频繁跳槽，但身在其位一定谋其事，表达出对所从事的职业高度的责任感。也许正是这种态度，使他们常常保持相对的稳定性。

对于企业来说，忠诚能带来效益，增强凝聚力，提升竞争力，降低管理成本；对于员工来说，忠诚能带来安全感。因为忠诚，我们不必时刻绷紧神经；因为忠诚，我们对未来会更有信心。

忠诚是员工的立身之本

比尔·盖茨曾发出过这样的感叹："这个社会不缺乏有能力、有智慧的人，缺的是既有能力又忠诚的人。相比而言，员工的忠诚对于一个企业来说更重要，因为智慧和能力并不代表一个人的品质，对企业来说，忠诚比智慧更有价值。"

一个缺乏忠诚的人，企业不可能放心地雇用，因为这样的人一旦背叛企业，企业由此遭受的损失将是无法估量的。

职业经理人典幸离开TH服装公司时，老板承诺的60万元年薪也只兑现了18万元。但典幸并没有因此怀恨TH公司的老板，反倒是一如既往地忠诚于TH公司。在他离开TH公司的当月，就有另一家服装公司的老板请他喝茶，开价120万元年薪邀请他加盟。这120万元年薪，除了冲着典幸的能力外，还冲着典幸掌握着TH的全部经营秘诀。新东家和TH服装公司是多年的老对头，他们想从典幸身上找到打败TH公司的突破口。

典幸拒绝了这120万元年薪，因为忠诚是他做人的原则。

TH的老板得知自己手下有如此忠诚的员工，感动得几乎流下泪来："我身边很多人都时时刻刻在想办法弄走我的钱，如果他们都能够像你这样，该多好啊！"

离开TH服装公司，拒绝了多位老板邀请，身心疲惫的典幸决定自己创业。他以自由职业者的身份，给企业做管理咨询，业余时间从事写作，这样一干就是一年多时间。这期间，TH服装公司先后高薪聘请三位财务总监。有了对比才知道差距，老板发现，无论工作能力还是职业品质，典幸都是无人可以超越的。尤其当他得知竞争对手曾经高薪邀请典幸，而典幸没有接受，他更觉典幸的难得。有能力、有智慧的人才有许多，而有智慧又忠诚的人才却难以找到。为此，他再次向典幸发出了邀请。这一次，他给出的年薪是原来的两倍，并承诺将一年多前欠的42万元补给典幸。

忠诚的魅力是无穷的，它是一个员工的优势和财富，它能换取老板对你的信任与坦诚。如果你有了忠诚的美德，总有一天，你会发现它会成为你巨大的财富。相反，如果你失去了忠

诚，那你就失去了做人的原则，失去了成功的机会。

可见忠诚也是相互的，你对别人不忠，别人也很难对你忠心耿耿。我们都希望别人对我们忠诚，但却很少反思自己的忠诚度。只有你对他人忠诚了，才会让别人信任你。而信任是最贵重的礼物。你可以因为获得领导的信任而得到重用，你会因为得到朋友的信任而建立友谊。

在诱惑颇多的今天，人们很容易背叛自己的忠诚，而能够守护忠诚的人就显得更加珍贵。所以，现代企业在选用人才时，不仅仅看重个人技术能力，更看重品行道德；而在品行道德中，企业最关注的就是忠诚度。那些朝秦暮楚、只顾个人得失的人，即使能力再高，也不可能被企业重用。可见，一个缺乏忠诚的人，不仅会丧失发展的机会，而且会丧失立足社会的生存资本。

一个人想成功，必须干出一些不同寻常的事情来。怎样才能干出不寻常的事情来，靠的是什么？就是你的责任和忠诚。

一个主管过磅称重的小职员，因为怀疑计量工具的准确性而提出质疑，并因此而得到修正，从而为公司挽回巨大的损失，尽管计量工具的准确性属于总机械师的职责范围。正是因为这种责任感，才会让他得到公司老板的刮目相看，这正是他

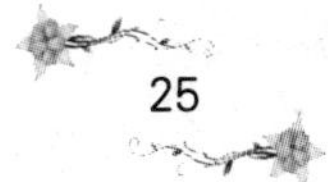

脱颖而出的一个好机会。

相反，如果没有这种责任意识，也就不会有这样的机会了。成功，在某种程度上说，就是来自责任。

乔治到一家钢铁公司工作还不到一个月，就发现很多炼铁的矿石并没有得到完全充分的冶炼，一些矿石中还残留没有被冶炼好的铁。如果这样下去的话，公司会有很大的损失。

于是，他找到了负责这项工作的工人，跟他说明了问题，这位工人说："如果技术有了问题，工程师一定会跟我说，现在还没有哪一位工程师向我说明这个问题，说明现在没有问题。"

乔治又找到了负责技术的工程师，对工程师说明了他看到的问题。工程师很自信地说我们的技术是世界上一流的，怎么可能会有这样的问题。工程师并没有把他说的看成是一个很大的问题，还暗自认为，一个刚刚毕业的大学生，能懂得多少，不会是因为想博得别人的好感而表现自己吧。

但是乔治认为这是个很大的问题，于是拿着没有冶炼好的矿石找到了公司负责技术的总工程师，他说："先生，我认为这是一块没有冶炼好的矿石，您认为呢？"

总工程师看了一眼，说："没错，年轻人，你说得对。哪

里来的矿石？”

乔治说：“是我们公司的。”

“怎么会？我们公司的技术是一流的，怎么可能会有这样的问题？”总工程师很诧异。

“工程师也这么说，但事实确实如此。”乔治坚持道。

“看来是出问题了。怎么没有人向我反映？”总工程师有些发火了。

总工程师召集负责技术的工程师来到车间，果然发现了一些冶炼并不充分的矿石。经过检查发现，原来是监测机器的某个零件出现了问题，才导致了冶炼的不充分。

公司的总经理知道了这件事之后，不但奖励了乔治，而且还晋升乔治为负责技术监督的工程师。总经理不无感慨地说：“我们公司并不缺少工程师，但缺少的是负责任的工程师，这么多工程师就没有一个人发现问题。并且有人提出了问题，他们还不以为然，对于一个企业来讲，人才是重要的，但是更重要的是真正有责任感的人才。”

乔治从一个刚刚毕业的大学生成为负责技术监督的工程

师，可以说是一个飞跃，但是他能获得工作之后的第一步成功就是来自于他的责任感，他的责任感让他的领导者认为可以对他委以重任。

如果你的领导让你去传达某一个命令或者指示，而你却发现这样可能会大大影响公司利益，那么你一定要理直气壮地提出来，不必去想你的意见可能会让你的上司大为恼火或者就此冲撞了你的上司。大胆地说出你的想法，让你的领导明白，作为员工你不是在刻板执行他的命令，你一直都在斟酌考虑，考虑怎样做才能更好地维护公司的利益和他的利益。因为没有哪一个领导会因为员工的责任和忠诚而批评或者责难你。相反，你的领导会因为你的这种责任感而对你青睐有加。因为一种职业的责任感会让你成为一个值得信赖的人，这种人将会被委以重任，而且大概也永远不会失业。

卡内基认为，他一定会重用这样的一些人：勇于也乐于承担责任，甚至为了维护上司和整个企业的利益而敢于违背上司命令的人，因为他相信这样的人是忠诚的。

员工的责任和忠诚对于一个企业而言有着非凡的意义和价值——这是企业制胜的精神双璧，是企业能够在激烈的竞争中保持岿然不动的姿态的坚实根基——责任和忠诚代表一个团队

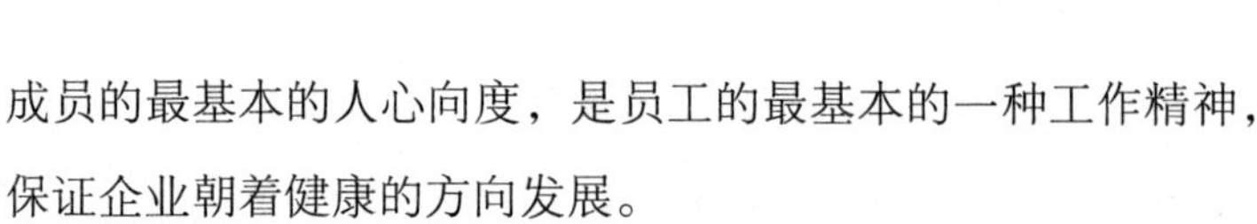

成员的最基本的人心向度，是员工的最基本的一种工作精神，保证企业朝着健康的方向发展。

一个忠诚而富有责任感的人是容易获得成功的，因为别人愿意和你合作，你会让人放心，你值得别人信任。

因为忠诚所以受益

忠诚应是一种义务。你是一个国家的公民，你就有义务忠诚于国家，因为国家给了你安全和保障；你是一个企业的员工，你就有义务忠诚于企业，因为企业给了你发展的舞台；你是一个老板的下属，你就有义务忠诚于老板，因为老板给了你就业的机会；你在一个团队中担任某个角色，你就有义务忠诚于团队，因为团队给了你展示才华的空间；你和搭档共同完成任务，你就有义务忠诚于搭档，因为搭档给了你支持和帮助……总之，忠诚不是讨价还价，忠诚是你作为社会角色的基本义务。

忠诚并不是为了增加回报的砝码，如果是这样，就不是忠诚，而是交换。

人们宁愿信任一个虽然能力差一些却足够忠诚敬业的人，

而不愿重用一个朝三暮四的人，哪怕他能力非凡。

不要指望有任何不需付出的回报，忠诚是一条双行道，付出一磅忠诚，你将收获双倍的回报。

有人说，忠诚是傻子的专利，那些只知道埋头苦干、老实巴交的人只会受苦，到最后什么都得不到。其实这种人的思维是狭隘的，他没有意识到忠诚的最终受益者是自己。

许多老板的用人标准主要有两个：能力和人品。没有能力，难以胜任具体岗位的工作。但更重要的是员工的个人品质，没有这个前提和基础，能力在为公司带来利益的同时也可能带来危害。因此，与品质比较起来，后者对于公司的意义或许更大一些。

个人的品质涉及很多方面，其中最重要、最关键的就是忠诚。公司老板衡量一个人的坐标系其实很简单：横坐标是忠诚，纵坐标是能力。

既有能力又特别忠诚的员工在第一象限，是最难得的，老板不仅要留用，而且要重用。而且忠诚度越高的人，越能够得到重用。

有能力但是忠诚度不够的员工往往在老板的第二象限，老板会视情况培养、感化，提升他的忠诚度，一旦达到能够信赖

的程度，老板也会重用。

有比较高的忠诚度但是能力比较弱的员工一般在第四象限，老板会毫不犹豫地留用，通过各种培训方式提高他的能力，并根据他的进步情况逐步委以重任。

对于那种既没有能力又缺乏忠诚度的员工，老板自然会把他放在第三象限中，并且同样会毫不犹豫地请他走人，好听一些的说法是“另请高就”，通常也就是“炒鱿鱼，卷铺盖”的意思。

那些忠诚的员工，工作时不会偷懒，对于他们而言，干工作的认真精神让他们学到很多知识，而这些知识不是只对工作有利，对他们自己也有很大好处。他们的态度为公司创造了利益，也为自己创造了比工资更宝贵的财富。相反，那些整天陷入尔虞我诈的复杂的人际关系中、整日算计公司的人，即使一时得到提升，取得一点成就，也终究不会长久，而最终受到损害的还是他们自己。

A公司和B公司是竞争对手，B公司的业务一直好于A公司，这让A公司大为恼火，但始终想不出办法对付B公司。最后他们想方设法寻找关系，接近B公司的一名仓库主管，让其暗中出卖商业机密。这个主管在利益的驱使下利令智昏，把自

己公司的详细资料一一泄露。几经交手，B公司节节败退，最后元气大伤而倒闭，A公司却起死回生，反败为胜。公司倒闭了，B公司的仓库主管的工作也到了终点。当他以功臣的身份来到A公司要求加入时，却被对方告知："对于你这种蛀虫，我们是不欢迎的。"仓库主管气愤不已，却毫无办法。更可悲的是，很快，大家就知道了实力雄厚的B公司倒闭的原因，所有的人都开始咒骂他，他连找一份工作的机会也没有了，最后竟然流落街头。

一个不忠诚的蛀虫，股掌之间就将一个公司搞垮了。B公司的老板输得稀里糊涂，蒙受了巨大的损失。但同时，这个不忠诚的人也受到了惩罚。所以，对于那些出卖公司利益换取竞争对手一点儿回扣的人，不仅有损于自己的职业道德，而且人格也是不完整的。所以，这种人是很难获得成功的，因为纯粹的利益分享只是暂时的，以获得别人的认可为前提的分享才是最值得骄傲的。

缺乏忠诚度，最直接受到损害的是公司，但从更深层次的角度看，对自己的伤害却是最大的。那些忠诚度极高的员工无论到什么地方都会获得老板的看重，所以他永远也不会失业，

永远都是最终的受益者。

有一家主要销售家电产品的公司，由于老板经营不善而濒临倒闭。这个时候，公司的很多员工陆续离开了这家公司。但有一位员工，从公司有困难开始，自始至终都与老板同甘共苦。在公司无法发放工资的情况下，即使外面很多公司提出了高薪聘请他的想法，他仍然没有选择离开。可惜的是，他无法改变公司的命运，公司最后还是倒闭了，但是他却在行业里赢得了非常好的口碑，以前的竞争对手纷纷向他抛出了橄榄枝。最后通过原来老板的推荐，他去了一家家电生产公司做了营销经理，实现了事业上的一个大跨越。

一个忠诚的人，即使他遭遇苦难，其熠熠闪光的忠诚精神也会让他转危为安。相反，一个不忠诚的人，即使他处于优势，也会因为他的品质的不专引来祸患。所以，如果你是忠诚的人，即使一时没有利益可图，你的人格尊严和受人尊敬的地位也已经永久地保持了，成功会因为你的忠诚而指日可待。

要对企业忠诚

一个不诚实的人，很难想象他会对企业和老板忠诚。而既有能力又忠诚的人才是每一个企业企求的最理想的人才。

我们除了应该做好分内的事情之外，还应该表现出对雇主事业兴旺和成功的兴趣，不管雇主在不在场，都要想对待自己的东西一样照看好雇主的设备和财产。

谁也不会信任说谎的人，说谎的人是得不到别人的信任的，这对他们来说是相当危险的事。说谎是最大的敌人，因为说谎，你将失去与人长期相处的可能，更不能获得老板的信赖和重用，自己的发展和成功也就只能是白日梦。

成功学家十分重视诚实在人的一生所发挥的巨大作用，认为说谎是最大的敌人，是人性的罪恶。

在美国著名的西点军校，学员一入学，就要接受长达16小时的“荣誉守则”教育。西点军校的《荣誉守则》非常简短、直接和肯定，第一条就是关于不许说谎的规定：“绝不许说谎、欺骗或偷窃，也容许他人有如此行为。”这也充分说明，说谎是每一位走向军旅生涯、走向战场的军人的大忌，那将是自己的敌人，让自己倒在这样一个敌人脚下，那将是对自己的莫大讽刺与耻辱。

除此之外，西点对说谎问题还有如下一些规定：

学员的每句话都必须是确切无疑的。他们的口头或书面陈述必须保持真实性。故意欺骗或哄骗的口头或书面陈述都是违背《荣誉守则》的。

随后，学员会在这个文件上签名。因为每个学员都认为：文件表达的内容是真实的、准确的，内容对自己是至关重要的，否则就不会签上自己高贵的名字。

一个人不单单在军队中应该诚实可靠，在任何其他环境中也应该保持此种品质。人们既不能对别人说谎，也不能对自己说谎，只有这样，才是一个真正不说谎的人。

一个学员在操场上散步，一个走过来的军官突然向他发

问："今天早上你刮胡子了吗？"这个问题太过于突然且内容又过于偏颇，不过是个人的生活私事，但是他必须立刻回答，一刹那，脑海中浮现出自己一脸泡沫的样子，他条件反射地回答："报告长官，是。"实际上，他想起来的情景是前一天刮胡子的情景。这是无心之错，不能叫说谎。但军官还是希望他能承认错误，如果为自己的错误负责，将来就更有可能故意说错，而且会自圆其说，并认为这样做理所当然。

只有诚实，才能长久。不为利动，没有私心，在任何情形下都言行一致的美誉，其价值比从欺骗中得来的利益大过千倍。因说谎而使事业遭遇困境，你就明白你敌人的存在。

但是，在工作、生活中，仍有为数不少的员工有着欺骗、说谎话的习惯，并认为这是一种可以牟取私利的技巧。他们以为欺骗的手段是很值得使用的，他们也许并不正面说谎、欺骗，往往会留一些应该说，特别是作为一个诚实的人所必须说的话不说。特别是在关系到自己的利益时，他们就抛开诚实，就不说正直话，就不做什么正直事，尽管他们平时可能会站在正直的一面，并做出正直的姿态。

"要正直，不撒谎！"就是对说谎和欺骗的否定和排斥，

"打倒我们的敌人"是为了不去编织借口而说谎和欺骗；而不说谎和诚实会让人变得强大而高贵。天下没有一种广告能比诚实不欺、言行可靠的美誉更能取得他人的信任。一个员工，诚实为人，言行一致，他可以毫不畏缩地面对工作和生活，面对老板和同事，面对顾客和朋友。而他最大的收获将是老板、同事的信任、支持和褒奖以及各种可能的机会和升迁。一个处处说谎的员工，就会处处受到别人的鄙视，就连自己也会在内心听到这种声音："我在说谎话，我不是一个诚实的人；我是一个卑污者，一个戴假面具者。"他最终还是躺在了谎言这个敌人的脚下。

说谎的员工是不诚实的，不诚实的人是很危险的。因为不诚实，所以不能够与人相处长久，不具有团队合作精神，更不能实现幸福和成功的理想。一个经常说谎、不诚实的员工会受到内心的谴责，他没有力量可以压制住这种谴责，他也没力量和信心去获取成功。

现代企业制度中一个重要特点就是企业所有权和经营权的分离，由此诞生了一些职业经理人，即那些拥有专业管理、经营能力并以此为职业的人。他们是企业的管家，但更加本质的身份依然是"打工仔"，因此，个别职业经理人就会心理失去

平衡，对企业没有归属感，于是，他们一边对老板阳奉阴违，一边偷偷培植自己的势力，对不属于自己的东西垂涎欲滴，一旦自以为掌握了核心资源，就明修栈道，暗渡陈仓，甚至反戈一击。这很显然是一种不忠的行为，由于他们从一开始就没有找准自己的位置，高估了自己的智商，低估了创始人的能量，最后只能落得个鸡飞蛋打的结局。

某私营企业的老板是个只有初中文化的农民企业家，十多年的市场打拼，他将自己公司的产品行销全国并逐渐打入国际市场，员工达到一千多人，但此刻遇到了所有家族企业的通病，管理混乱，裙带关系严重等等。可喜的是，老板的思想比较开明，力排众议，决定用高薪招贤纳士，在众多的竞争者中，出自名牌大学的罗毅被老板看中。在迎接新老总的全体员工大会上，老板隆重推出他，并郑重宣布从此以后彻底退出总经理职位，只担任董事长，并承诺决不过问公司的具体管理和经营，全权由罗毅负责公司的运作。而且老板说到做到，他从不干涉公司的具体事物，即使有很多人打新老总的小报告，老板也决不轻信。年底老板按照合同付清了给他的高额年薪。但随着罗毅在公司里威信的不断提高、亲信的不断增加以及自己

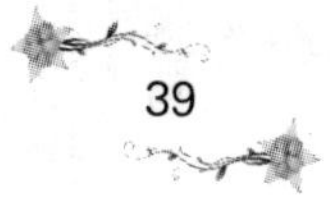

对业务的不断熟悉和关系网络的不断扩展，他的想法也渐渐地有了改变。他先是利用自己的亲戚搞起了一个公司，用公司的资源喂肥了这个空壳公司。在公司内部，他处处凸显自己，终于，一个优秀的民营企业被掏空了，而罗毅却成了一颗新星！但随着公司的财务漏洞越来越大，公司很快陷入困境，董事会强烈要求进行财务监管，这本来是董事会正常的监督权利，但他却以种种理由阻挠董事会的监管，公司成了一个独立王国！老板忍无可忍，于是召集老部下策划了一次"宫廷政变"，轻易就将他送上了法庭。面对铁一般的事实，罗毅惭愧地低下了头。

其实，没有一个企业老总会傻到不了解一个人的性情和企图，只是他们有自己的用人原则，有自己的做人原则。有些时候他们之所以不会将你的不轨行为公之于众，是因为他们想给你一个自己反思和改过的机会。而不是他们不知道你的企图。他们之所以有今天也是从最开始的那些点滴做起来的。你所有过的想法他们也曾有过，你所有过的做法他们也曾见过。所以，他们的不闻不问不是傻，而是对你的充分信任，同时也需要对他自己用人、识才的能力加以肯定。如果他轻易地否定了你，那就等于轻易地否定了他自己。而相对于一个部属而言，

能够得到老板的礼遇和信任，那就是你做人的成功之处，假如你一面背负着老板的信任，一面做着对不起老板的事情，那就是你做人的失败。所谓知遇之恩，就是别人对你的理解、信任和支持。老板给了你出人头地的机会，那就是一种知遇之恩。对于一个对你有恩的人，你所要做的最起码不应该是恩将仇报。即使老板对你没有知遇之恩，你也应该在一个企业中做好自己的工作，而不是对企业怀有什么企图。

人们在一个企业中工作，在表面上来说是做工作，实际上是在做人。一个人做人不够忠诚，那他在企业里也不会忠诚，而这样的人最终的结局也只能是走向毁灭。

忠诚是一个企业的精神

忠诚是非常优秀的品质之一，也是现代企业精神的核心所在。没有哪一个领导者不希望自己的员工对自己忠诚，对自己的企业忠诚。因为在某种意义上，忠诚对于个企业而言，意味着最低程度的风险。

当一个企业陷入危机的时候，考验员工忠诚度的时候就到了。

有一家生意不错的旅游公司，老板出差期间，有人秘密地把公司几乎是全部的客户资料出卖给了竞争对手。旅游旺季到来之时，这家旅行社以往的签约顾客居然一个都没有来。旅行社陷入到了前所未有的危机之中。

没有人知道这是谁干的。客户服务部的经理引咎辞职，尽管她是无辜的，老板也觉得自己对不起公司的员工。“我很遗憾公司出现了这样的事情，”老板说，“现在，公司的资金周

转出现了困难，这个月的薪水暂时不能发给大家。我知道，有人想辞职，要是在平时我会挽留大家，这个时候大家想走，我会立刻批准，因为我已经没有挽留大家的理由了。”

“老板，您放心，我们是不会走的，我们不能在这个时候离开，我们一定会战胜困难。”一个员工说。“是的，我们不会走的。”很多人都在说。员工们表现出来的忠诚感染了老板，也感染了在场的每一个人。

这家旅行社没有倒闭，而且比以前做得还要好，因为在危难中老板发现了一批忠诚于公司的员工，依靠他们，公司的发展有了真正的支柱。与此同时，在危难中留下来的员工也都得到了重用，他们在公司的发展中也发展了自己，而那些临危而去的员工却失去了发展自己的机会。

老板说：“我要感谢我的员工，在我要放弃的时候，是他们的忠诚帮助公司战胜了困难，他们让我知道了企业真正的资本是什么，它就是忠诚的激情。”

忠诚的力量是不可估量的。

在法军的一支部队里有一对兄弟，其中一人被德军的子弹击中，另一人请求长官允许他去把兄弟背回来。长官说：“他

可能已经死了，你冒着生命危险去把他的尸体背回来是没有用的。”但在他一再的恳求下，长官同意了。

就在那名士兵刚把他的兄弟背回营地时，他那身负重伤的兄弟死去了。长官说：“看看，你冒死把他背回来真是毫无意义。”但这名士兵回答说：“不，我做了他所期望的事。我得到了回报。当我摸到他身边扶起他时，他说：‘皮埃尔，我知道你会来的——我就是觉得你会来。’”

这名士兵得到的回报是什么呢？是一种无价而真心的信赖。这种由信赖而产生的互相依附和忠诚，是人世间最可宝贵的情感和财富。

我们说忠诚可以拯救一个危难中的公司，可以让人爆发出一种高贵的激情，而背叛却可以摧毁一家公司，也毁掉一个人做人的热情。

忠诚是公司的命脉。一个忠诚度很高的团结的团队，其在商战中的战斗力将是不可估量的。很久以来，这就成了所有优秀公司的共识：把有没有忠诚度作为选择人才的一个重要衡量标准。

魔鬼词典里说：“陷阱就是掺进毒药的一块涂满奶油的蛋

糕，能够抵制诱惑而不落陷阱的人并不是很多，很多人会以身试毒，他们总以为自己占了便宜，但不知道他们已经在陷阱之中。”

在欧美企业尚未形成自己系统的企业文化之前，日本的企业文化一直是欧美企业学习的榜样。

在一个企业中，与人相关的各种因素非常多，人能否最大限度地发挥潜力为企业创造价值，就是这些因素的相互作用促成的。企业外在的制度性的东西往往可以转化为一个人的动力机制，但对于人影响最大的还是精神。

企业的精神，领导者个人的领导艺术和魅力对于员工的吸引有时更大于物质的激励。一份调查显示，60%的择业者认为，一个企业中如果领导者富于领导艺术和能力，而且企业有自己的文化和精神，他们相信这样的企业会很有前途，即使企业处于困境中，那也是暂时的。的确，越是在困难的时候，越能凸现企业精神对于一个企业的重要意义。

企业的精神可以体现为很多方面，但最根本的，是责任和忠诚。

忠诚本身就是一种责任，而责任往往能造就忠诚。一个没有责任感的人，我们很难相信他能做到忠诚。

日本著名企业家松下幸之助先生认为，一个放弃了责任和

忠诚的企业，就会被成功所放弃，因为责任是保证企业方方面面能够正常运行的前提，而忠诚则可以帮助企业运行得更好。

美国强生公司认为："我们对全世界的员工都负有责任，每个人都应被视为有价值的个体，我们尊重每位员工的尊严和价值，让他们对工作有安全感，他们的待遇必须合理且足够，工作环境必须清洁、整齐、安全。我们必须帮助员工履行他们对家庭的责任……我们必须提供同等的雇佣、发展和升迁的机会给那些胜任的员工。"

凯姆朗公司则认为："员工第一，顾客第二。"

这些公司都认为，只有把员工摆在第一的位置，对自己的员工真诚负责，才会使员工以极大的忠诚和热情投入工作。这样才能把一流的产品、一流的服务提供给顾客，从而赢得顾客的忠诚。

如果仔细研究一下人本管理的内涵，培育员工的忠诚和责任的问题就不会太难了。因为真正的原因在于企业对他们全方位负责。从员工进入企业的第一天起，就得到企业给予的悉心照料，企业对员工的忠诚负责打动着员工、感染着员工，促使他们以十倍、百倍的忠诚回报给企业。

著名管理大师彼得·德鲁克认为，一个成功的总统"不必

做的事情，一定不要做”，但要确保政务的顺利实现，妥善完成，总统必须打造一个“训练有素的队伍，而其中的每个人必须承担一个领域的责任”。为了确保执行的有效完成，需要依靠一个有责任感的团队，团队中的每一个人都能够承担起自己的责任，并能够忠诚地完成自己的任务。创造一个富有责任感和忠诚度的团队，对于企业来说至关重要，这样的团队才能够真正地实现领导者的计划和决策，把企业带来一个更高的发展层次上去。

一位资深的人力资源管理者认为，责任和忠诚可以内化为企业的文化哲学，责任和忠诚虽然不能被量化地加以衡定，但它却是一个企业的生存命脉。制度可以护卫责任和忠诚，但仍会有人背叛忠诚，不负责任。最好是把责任和忠诚作为企业的精神命脉，注入到每个成员的心里，这样才能够最大限度让团队成员饱含责任和忠诚的使命感。

正是因为如此，很多企业的领导者都已经致力于将责任和忠诚作为企业的文化和精神纳入自己的管理体系中，并且对员工进行了加强责任感和忠诚度的培训。他们还认为员工的忠诚和责任，有时胜过他们的智慧。

责任和忠诚是企业的文化和精神灵魂，一个精神和灵魂被

掏空的企业，你还能相信它能具有绵绵不绝的生命力和旺盛的创造力吗？责任和忠诚对于企业而言，绝不像夹心饼干那样层层分明，它们融入了企业的血脉之中，成为了企业生命的一部分。企业的领导者不会忽视了对员工责任感和忠诚度的培训，他们所喜欢的是具有强烈的责任感的员工。这一点，是我们所应当明确知晓的。因此，你就应当注重自我责任意识的提升，从而让自己成为一个深受老板喜欢的具有责任感的员工，如此一来，你的未来便不再是梦。

忠诚是员工的义务和使命

第二次世界大战时美国著名的将领麦克阿瑟曾说过：“士兵必须忠诚于统帅，这是义务。”忠诚是提高一个组织凝聚力和战斗力的重要力量。因为这样，就会形成巨大的合力，就会无坚不摧，战无不胜。

对于公司而言，员工必须忠诚于公司的领导者，这也是确保整个公司能够正常运行、健康发展的重要因素。公司是你发展的平台，作为公司的一名员工，你就应当忠于自己的公司、忠于自己的老板，这既是一种义务，也是一种责任。

微软公司要招聘一名软件工程师，待遇丰厚，报名者蜂拥而至。约翰也参加了应聘，他原来是一家网络公司的软件工程师，因公司效益不好失业了。

面对考题他并不害怕，技术类考题答得十分圆满。最后面试

的时候，有一个技术部的主管突然问："听说您原来就职的公司已经开发了一项网络维护的软件包，你是否参加过研发？"

约翰愣了一下，回答说："是的。"

"那么你能介绍这项技术核心内容吗？"

约翰参加了整个研发过程，回答这个问题并不难。约翰心想："他是不是关心我的技术能力？还是想打探这项技术的秘密？"

主管见约翰没有立刻回答，又接着问道："如果你加入微软公司，需要多长时间为我们公司开发同样的软件？"

约翰终于明白了，原来他关心的是掌握这个技术。多年的职业道德在约束着他："我原来的公司花了整整两年时间开发的这项技术，还没有投入市场，公司里还有几百名职工在惨淡经营，指望这项技术获得新的发展机会，我怎能为了自己的饭碗而砸大家的饭碗呢？"

他毅然站起来，说："对不起，我不能回答这个问题。如果贵公司为此而让我获得这个工作机会，我宁愿放弃！"说完，他起身离开了考场。

接下去的日子中，他已经忘记了这段考试的经历。

在半个月后的某一天，他突然接到微软公司人事部门的通知，他被录用了，他被告知，那只是一项考试的内容，他的行为已经交了一份很满意的答卷。对公司真正忠诚的员工一定会热爱自己的工作，不仅仅能完成自己的任务，还尽一切可能为了公司的利益而努力。因此，把忠诚当作自己的一种最基本的准则，才能真正地为荣誉而工作，与公司共命运。

没有哪个公司的老板会用一个对自己公司不忠诚的人。“我们需要忠诚的员工。”这是老板们共同的心声。因为老板知道，员工的不忠会给企业带来什么。

世界500强企业飞利浦公司的人力资源部经理说：“当我看到申请人员的简历上写着一连串的工作经历，而且是在短短的时间内，我的第一感觉就是他的工作换得太频繁了。频繁地换工作并不能代表一个人工作经验丰富，反而说明了一个人的适应性很差或者工作能力低，如果他能快速适应一份工作，就不会轻易离开，因为换一份工作的成本也是很大的。”

只要自下而上地做到了忠诚，就可以壮大一个企业；相反，就可能毁了一个企业。同样，那些对公司不忠，为了一己

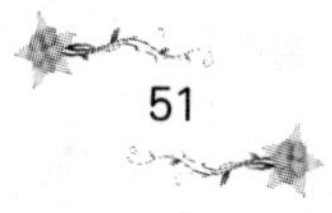

之私不惜牺牲公司利益的人，被职场淘汰是必然的命运。

作为某世界500强中国公司的部门经理，皮埃尔能说会道，深得老总的赏识和器重。

经熟人介绍，他和同业的一个老板认识了。有一天，他受邀来到一家星级饭店，与这个老板喝酒聊天。

酒过三巡，老板走到皮埃尔的身边，拍着他的肩膀说：“老哥我有一事相求，不知你肯不肯帮我一个忙？”

“你尽管说吧，只要我能做到。”皮埃尔拍着胸脯说。

“我和你们公司最近在谈一个项目，”老板说，“如果你能将相关的技术资料提供给我一份，这将会使我要谈判中占据主动地位。”

“你让我做这事？”皮埃尔知道，如果帮他的忙，就等于泄露公司的机密。

“有钱大家赚。如果你能帮我的忙，我是不会亏待你的。”老板伸出三个指头，压低声音说：“30万怎么样？”

皮埃尔犹豫着，毕竟这关系着他的前途和命运。

“不用担心，”老板说，“这事天知、地知、你知、我知，对你的地位没有任何影响。”

见皮埃尔还在犹豫，老板将一张写有30万元的支票递给他。在金钱面前，皮埃尔背叛了公司。

后来在合作谈判中，皮埃尔所在的公司损失巨大。再后来，让他出卖机密的那个老板因赌博欠下巨债，公司破产不说，连房产也被抵债了。身无分文的老板于是就打起了皮埃尔的主意，不但索回了30万元，还不断勒索他。终于，在一次皮埃尔没有满足他的要求时，被告发了。公司查明了真相，果断地辞退了皮埃尔，并将其诉诸经济法庭，让他背着一辈子都擦试不掉的污点。

在现实生活中，像皮埃尔这种背叛企业的人有很多。在巨利诱惑下，依然能够守护忠诚的员工就显得格外让人尊重。一个员工想将忠诚坚持到底，需要很强的鉴别力和抵抗诱惑的能力，并能经得住各种考验。如果你不为诱惑所动、能够经得住考验、忠于你的企业，你所得到的不仅仅是企业对你的信任，你的所作所为还会赢得他人的尊重，从而赢来更多的发展机会。

没一个老板不喜欢可靠的员工，他们无时不在考查谁是可靠的人，谁是不可靠的人。

绝大多数人都必须在一个社会机构中奠基自己的事业生

涯。只要你还是某一机构中的一员，就应当抛开任何借口，投入自己的忠诚和责任心。一荣俱荣，一损俱损！将身心彻底融入公司，尽职尽责，处处为公司着想，对投资人承担风险的勇气报以钦佩，理解管理者的压力并给予体谅。

忠诚是一种职业生存方式。如果你选择了为某一个人工作，那就真诚地、负责地为他干吧；如果他付给你薪水，让你得到温饱，那就称赞他、感激他、支持他的立场、和他所代表的机构站在一起。

的确，公司是员工生存和发展的地方，只要成了公司的一员，你的命运和公司的命运就紧密地联系在一起了，忠于职守、忠于企业就成了你的义务和使命。

一个企业的发展需要忠诚和有能力的员工，因为企业的业绩靠忠诚的员工全力创造，企业的信誉靠忠诚的员工全心维护，企业的力量靠忠诚的员工团结凝聚。只有企业发展好了，员工自身的价值才能得以实现，人生才会大放光彩。

忠诚来自责任感

作为一个企业的领导者，当你要确认一个人是否忠诚于你和你的企业，首先要看他是否有责任感。

责任和忠诚是员工最基本的工作精神，责任和忠诚会保证企业朝着健康的方向发展。责任是忠诚的根基，责任造就忠诚，员工对公司的忠诚就是一种强烈的职业责任感。事实证明，只有责任造就的忠诚，才是真正的忠诚。

如果你是一个组织的领导者，你就担负着组织兴衰的责任，你就担负着员工的生存和发展的责任，这种责任让你对自己的组织和成员保持高度的忠诚，所以，当你为此而殚精竭虑的时候，你会觉得自己做得很值得。

如果你是一名员工，你知道凡属你的工作范围，你必须为此承担责任。为了更好地承担责任，你不停地学习，辛苦地工

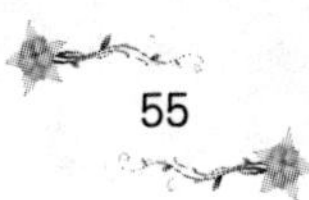

作，毫无怨言地付出。当你努力这么做也愿意这么做的时候，有谁能怀疑你对企业是不忠诚的呢？

只要我们在这个世界上存在，我们就有不可推卸的责任。然而，由于人和人之间的不同，有的人能够担当责任，有的人不愿意承担责任。但这不能否认每个人都有不可推卸的责任的事实，一个人对责任的推卸会有更多的人因为他的不负责任而要承受更大的压力或者付出更大的代价。

正因为责任的不可推卸，我们才要维护责任。忠诚有助于我们对责任的守护。捍卫忠诚，就是捍卫一个人不可推卸的责任。

忠诚无论作为一种优秀的传统精神，还是作为现代企业的一种企业精神，它不仅护卫责任，它本身也是一种责任。在一个企业里，我们需要的是一批忠诚于企业的员工。因为忠诚，他们才能尽心尽力，尽职尽责；因为忠诚，他们才能急企业所急，忧企业所忧；因为忠诚，他们才敢于承担一切。

有忠诚才有竞争力

忠诚就是竞争力。因为忠诚会给人以可靠的感觉，容易让人信任。一个人不忠诚，你就会觉得他不可靠，许多事就不会放心地交给他做。而对于他来说，这在无形之中就是一种人格的否定。中国有一句俗话说“一次不忠，百次不用”，说的正是这个道理。去研究那些成功的、被人信赖和敬仰的人，我们往往可以发现他们都具有忠诚的美德。他们的这种修养使你可以在不同的环境中，感染周围的人，所以，他们在任何地方都是重量级的人物。

约翰·拉姆森将军十分相信“每天多做一点的学员将从他的同学中脱颖而出，这个道理对于学员和军官都是一样的。这样，上司才会更加信任你，从而赋予你更多的机遇”。

杰克·齐尔斯曼中校认为“学员使自己的能力得到提升的

最好办法是，在做好分内事的同时，多为团队做事。这不但可以表现学员勤奋的品德，还可以培养学员的综合能力，增强学员的生存能力”。

罗杰斯·奈斯上尉指出“不要说教官看到学员努力训练，如果学员想取得像教官今天这样的成就，办法只有一个，那就是比教官更积极主动地学习训练”。

他们的观点让我们感受到了职业、学历、能力和资历这些要素都成为了一种职业竞争力。老板花钱聘人，都有自己的期望值，当你的表现超出了他的期望值时，他会认为你物超所值。真正的竞争力不只是靠花言巧语体现出来的，而是靠你做事的表现和老板的满意度体现出来的。所以，如果你要在事业方面有所成就，就必须做到对公司忠诚。然而，现在很多企业的现实是，员工的忠诚度在不断下降。实行忠诚这个战略规划，就是要让员工明白，忠诚的最大受益者是奉行忠诚的本人！员工不忠诚，就没有用武之地，因为任何企业都不可能使用或重用一个不忠诚的员工。

忠诚是核心竞争力，是其他能力的统帅。员工获得老板信任的重要因素不仅是能力，更是忠诚！忠诚让员工具有紧迫性，因为员工只有把自己的忠诚奉献给企业，企业才会给你回报。

除了忠诚这个核心，企业还必须注意培养员工的主动性和自尊心。因为自尊心的高低往往决定员工的工作状态。在一些企业里，那些自尊心低的员工，容易墨守成规以避免犯错，凡事只求依照规则；自尊心强的员工，则有独立思考的能力，必要时会发挥创意，以完成上级领导安排的任务。

密歇根火鸡快餐连锁公司是一家以火鸡为主打产品的快餐公司。这家公司的每一位员工都必须从基层做起，这是密歇根火鸡快餐连锁公司的一大特点。每个员工的自我实现都是从实习助理开始的，那些有责任心、有学历、独立自主的年轻人在25岁以前就可以成为中、高层管理者。

第一阶段：实习助理。有学历的年轻人要当6个月的实习助理。在这6个月里，他们要到公司各个基层岗位工作，如杀鸡、配调料、收款等。在这些一线岗位上，实习助理要学会保持清洁与周到服务的方法，并依靠他们的亲身实践来积累管理经验，为以后的管理工作做准备。

第二阶段：二级助理。与实习助理不同的是，这个工作岗位已经具备管理性质，他们要承担一部分管理工作，如订货、计划、排班、统计等等。他们要在一个小范围内展示他们的管

理才能，并在日常实践中摸索经验，管理好他们的小天地。

第三阶段：一级助理。在进入公司 8~14个月后，有学历的年轻人将成为一级助理，即经理的左膀右臂。同时，他们也肩负了更多重要的责任，每个人都要在餐馆中独当一面。借此他们的管理才能日趋完善，这离他们晋升为经理的梦想已经不远了。

第四阶段：参观经理。在步入这个很多人梦寐以求的阶段前，他们还需要进行为期20天的培训——那就是他们期盼已久的密歇根大学的短期学习。

第五阶段：巡视员阶段。一个有才华的年轻人晋升至经理后，公司依然为其提供广阔的发展空间。经过一段时间的努力，他们就可从经理晋升为巡视员，负责5~6家餐馆的工作。

第六阶段：地区顾问。4年后，巡视员可晋升为地区顾问。届时，他将成为公司派驻其下属15家左右餐馆的代表。作为公司15家餐馆的顾问，他的责任更大，其主要职责是保持总部与各个餐馆之间信息畅通。同时，地区顾问还肩负着诸如组织培训、提供建议、企业标准的制定之类的重要使命，成为总公司在这一地区的全权代表。

第七阶段：总部经理。成绩优秀的地区顾问还能得到晋升，成为总公司的总经理。

从密歇根火鸡快餐连锁公司的职位晋升来看，一个人只有认识到工作的重要性，并能积极主动地去奋斗，那么，才能有一个好的发展空间。毕竟世界上最糟糕的事莫过于厌恶自己的工作，或许环境逼迫你去做些枯燥乏味的工作，但你应主动使它充满乐趣。如果我们要在工作中获得良好的效果，就应该以这样的态度投入到工作中去。

不幸的是当今的职场，员工的忠诚变得越来越稀缺。许多员工为了满足自己的需要，不顾企业利益频繁跳槽，如果说这种现象是由于公司待遇的问题，那也情有可原。但是，我们却发现，在管理机制良好的公司，跳槽现象也频繁发生，员工同样也不安分。员工对于“忠诚”很无所谓的态度，这种现象实在是让人难以理解。有些人甚至对那些忠诚的员工嗤之以鼻，认为对公司的忠诚简直就是极其愚蠢的行为。这种心态更加助长了不忠诚的行为。其实，作为职业人，就应该培养自己的忠诚。因为忠诚才有凝聚力，如果所有的人都不忠诚，那么整个团队也就失去了战斗力，一旦市场的激烈竞争开始后，整个团队的员工都只能成为落后的挨打者。

忠诚是竞争力，忠诚的员工在自己的工作岗位上踏踏实实地做自己该做的事，而不会这山望着那山高。因为他们知道心稳定下来，人才会有创造力，才会创造出更大的价值。在一个组织中，人们需要相互合作，而信任是相互合作的前提条件，没有信任的合作是不可能成功的。信任的基础是什么？那就是彼此之间的忠诚。只有忠诚于同一个目标，忠诚于同一个主体，信任才不会轻易破裂，才可能更稳固。

付出多少，就得到多少，这是一个基本的社会规则。当你无法投入忠诚时，你自然不会有很好的回报。其实公司给员工的回报，并不单单表现在工资等物质利益上，如果狭隘地看待自己的工作回报就会让人的心胸变得狭窄，而不会一如既往地付出，也就会失去更多。

有人说忠诚是血液里流出来的秉性。对有些人来说，它是不变的信条，是一种职业良心，或是处世为人的原则；但对有些人来说，则是浅薄的游戏，是在脚底下任意蹂躏的人性之花。一个有职业道德的人，心里要有一条准则：可为与不可为。面对利益的诱惑，脆弱的人性就会断裂、扭曲。忠诚是无声的诺言，它价值千金，无物可抵，它有时表现得极为隐性，但却有着不可估量的价值。

忠诚是公司发展的基石，公司要发展，首先应该自身安定，而公司安定与否，人心是第一位的。员工之间的互信合作只有达到高度的默契，让公司形成一个同心向上的整体，这个公司才有可能向外扩展，逐渐占领市场的每一个角落。因此，忠诚最直接地影响了一个公司的凝聚力。但现在很多人对忠诚有一种误解，认为因为自己忠诚于公司，公司就应该给予更多的机会，这显然不能称为正确的思维模式。如果在职场中，想赢取上司的钟爱、信任与重用，视自己为心腹或得力助手，同时也可分享上司的成功果实，那就需要你不存私心的忠诚，而不是斤斤计较于回报的“忠诚”。

一个员工最大的价值在于忠诚，忠诚的员工才会有责任感，才会踏踏实实地工作，才会有竞争力、创造力，组织才会有凝聚力。忠诚不在于空喊口号，而在于真实的行动。所以，不要妄想你可以得到多少回报，你的一举一动都会被老板看在眼里，如果你确实忠实于自己的公司，你必将被委以重任。如果你没有以忠实为代价，那你必然会被淘汰。因为任何人都不是傻子，你的老板更不是傻子。

要对老板忠诚

在现代社会，忠诚已经不是一种绝对意义上的、类似于仆从一样的人身依附关系，而是一种基于与“契约精神”的权利和义务对等意义上的忠诚，但即使这样也不会有许多人对公司或老板怀有忠诚心。很多员工认为，自己和老板的关系就是赤裸裸的劳动和报酬的关系，我工作，你付钱，天经地义，完全没有了人性中的那些更值得珍视的感情。当然，人是利益动物，在不违背法律和道德原则上的自由选择是无可厚非的，但我们是否可以从另一个角度看待这种关系？在劳动与报酬之间加一点儿人性化的润滑剂？

五年前，小林和小伟毕业后一起到了一家计算机软件公司，负责某种办公软件的设计开发。这个公司的规模不是很大，是国家允许注册该类公司中最小的，执照上写得清清楚

楚：注册资金10万元。他们之所以愿意去，一是背井离乡急于安身，二是因为老板给股份的许诺。老板比他们大不了几岁，看上去完全一副书生模样，态度很诚恳。可是进去才知道，连这10万元可能都有水分，只从他们的办公条件就可以判断：一间废弃的地下室，阴暗、霉臭、潮湿，天一下雨，天花板上凝聚而成的水滴源源不断地往下流，电脑上都要罩着塑料袋，连个厕所也没有，出门就是大排档，油烟灌进来，熏得人流眼泪。他们的产品市场前景看起来很好，但资金的瓶颈随时可能将美好的梦想扼杀于萌芽状态。最要命的是，产品没有品牌，只好赊销，还常常收不回货款，因为资金储备少，公司渐渐地连员工的工资都无法按时发放。

三个月后，小林动摇了，劝小伟也不要干了，有得是好公司，干吗在一棵树上吊死？股份？老板连他自己都无法自保，哪里还有股份给你？小伟也有些动摇，但是一看到老板每天没日没夜地奔波和诚恳的眼神，又不忍开口了。而且，他过生日的时候，老板在自己的家里为他过，亲自下厨，还说了很多抱歉的话。想起这些，他就不忍心走。他想，反正自己还年轻，

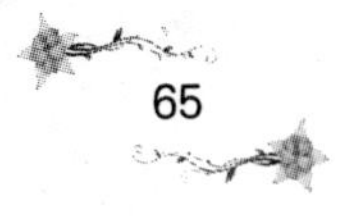

就算帮帮老板，即使以后公司垮了，也算积累点人生经验吧。

结果，小林走了，小伟决定留下来。从那以后小伟和就成了老板的左膀右臂。

不久，公司资金链条断裂，濒临绝境，留下的几个人也走了，只剩下小伟和老板两个人。看着老板年轻而憔悴的眼神和孤独而坚定的背影，小伟反而坚定了自己的意志，他想他能够做的就是和老板风雨同舟。老板对他说："委屈你了，哥儿们。"他乐观地说："什么也不用说了，只要你把公司开下去一天，我就一天不离开这里。"老板红了眼圈，他们同吃同住，无话不谈，成了真正的患难之交。

半年后，老板筹措到了新的资金，公司重新运转。由于产品质量好，买家愿意先付款，公司的局面一下子打开了，他们终于掘到了自己的第一桶金。接下来，公司开始招兵买马，发展壮大，仅短短的几年工夫，就成为行业内大名鼎鼎的软件公司，小伟也被提拔为公司的副总兼技术总监。

年终，老板和小伟一同躺在阳光明媚的海滩上，老板禁不住热泪盈眶。他问小伟："老弟，你知道我为什么能支撑下

来吗？”小伟说：“因为你是打不垮的，否则我也不会留下来。”老板却说：“不，其实当人们纷纷离我而去的时候，我就想关门了。我从不怀疑自己的能力，但我当时已经相信‘谋事在人，成事在天’的说法了。可是你让我找回了信心，我想只要有一个人留下，就证明我还有希望，反正我已经一无所有了。感谢你！在我想躺下的时候，总有你这双手在拽着我走。我知道，当时如果你走了，我肯定崩溃了！”为了感激小伟在最黑暗的日子里带给他的光明、希望和勇气，老板给了他40%的股份！

也许，在现实中的我们有时不得不将自己的现实利益放在最重要的位子，但我们毕竟也是有血有肉的人，我们也会在某一个时候遇到许多难处，我们也希望在那个时候有人能够雪中送炭，给我们带来温暖，而不是釜底抽薪。站在这个角度上去考虑，作为公司的员工，我们不应该在公司遇到困难、急需人手的时候选择离开，这就是一种忠诚。这种忠诚也许不会立即给我们什么现实利益，但人格昭示了魅力，这必将为我们赢得赞誉，并获得更大的财富。

对团队要忠诚

企业是一个强调整体协作的团队。作为其中的一分子，应该竭尽所能为企业劳心劳力，这时候，个人的人品和德行就显得极为重要。品行有缺憾的人不仅会瓦解整个团队的凝聚力，而且会大大削弱团队的战斗力。

在公司发展时期，没有很多的时机来检验你的忠诚。人们常说患难见真情，同样，忠诚也可以在公司面临危机之际加以检验。一个有忠诚心的员工，不管是在有人的场合，还是在无人的场合，都会自觉地行事。

有一个受过良好教育的员工，当有人问他在没有人在场的情况下，为什么不拿一些珍珠放在自己口袋里，他回答说："不，有人在场：我自己在看着我自己呢。我绝对不会让自己去做一件不诚实的事情。"这是一个关于忠诚的简单而恰当的

例子。

“我有责任和忠诚，所以我要为我的企业或者是团队努力工作。”

面对你的团队，你能够这么果断地说吗？

成功学家们通过研究发现，在决定一个人职业成功的诸多因素中，能力大小及知识素养占20%，专业技能占30%，忠诚敬业占到50%！忠诚是一个人获得成功因素的最终要因素，是实现和创造自我最的最大秘诀，因为这才是企业真正需要的。因此，有成功学家无限感慨地说：“如果你是忠诚的，那么你就一定会成功。”

拿破仑曾经说过，不想当元帅的士兵就不是好士兵。他还说过，不忠诚于统帅的士兵就没有资格当士兵。

有人说，这个世界就是一个游戏的世界，你要加入某一场游戏，你就必须遵守游戏的规则。因为世界需要秩序。你也可以不遵守规则，不过，你的代价就是被淘汰出局，因为你丧失了参加游戏最起码的资格。这个看起来很温和的世界，有时也很残酷。

一个充满战斗力的团体，必定是一个有严格秩序的团体，因为只有这样，才能确保行动的一致性和协调性。对于任何一

个团队，必须有一个核心，这是确保一个团队不涣散的根本所在。第二次世界大战时美国著名的将领麦克阿瑟曾说过：“士兵必须忠诚于统帅，这是义务。”对于核心的忠诚，则是整个团队实现自己目标的关键因素。因为忠诚，就会形成巨大的合力，就会无坚不摧，战无不胜。

在蜜蜂的世界里，有着森严的等级秩序。蜂王永远是高高在上的，所有的工蜂必须忠诚于自己的统帅。

因为蜂王有着对于整个蜜蜂世界来说最重大的责任，那就是繁衍后代。

为此，所有的工蜂都必须任劳任怨地供养着蜂王，忠诚于蜂王，只有这样，才能确保整个蜜蜂世界的和谐统一。

一个人是否能真正的属于集体，并不在于形式上是集体中的一员，关键的问题是能否承担起自己在集体中的责任，能否忠诚于自己的集体，这一点很重要。

如果随时准备另谋高就，那么你根本就不属于这个集体，你的“在企业中工作”也仅仅是形式的，这个集体对你而言，只是你谋求利益的一个阶梯。在一个企业里，这样的员工是企业的一个潜在危机，因为他们随时可能对自己的工作撒手不管，甚至会成为对手企业中的一员，来和自己的企业竞争。

“我属于这个企业，并不仅仅因为我在这里工作，因为我的内心告诉我，我对企业负有责任，我必须忠诚于我的企业。”在一个企业年终总结大会上，一位获得嘉奖的优秀员工这样说。的确，一个人究竟属不属于一个企业，并不仅仅是他是否在企业工作，关键看他的心在不在企业，他的责任心有没有放在企业上。

一个企业的老板说：“我最不敢用频频‘跳槽’的人，一个总想‘跳槽’的人，很难对你的企业有足够的责任和忠诚。”虽然，频繁“跳槽”可能是因为他在不停地寻找自己的位置，但是一个人必须对自己的职业忠诚，这是忠诚的根本。

你应该相信，“我有责任和忠诚，故我在”。

“一点点的责任和忠诚比一堆智慧更有用。”

一般的企业领导都喜欢聪明灵活的员工，他们认为这样的员工经常会有一些好的点子。智慧和聪明的员工对于一个企业而言，的确很重要，但是更重要的则是员工的忠诚和责任。因为，智慧并不能够代表一个人的品质，对于一个企业而言，责任和忠诚比智慧更有价值。

如果这种智慧是建立在责任和忠诚之上的，那么这是有用的智慧、可以相信的智慧。反之，如果你很难相信一个人的责

任感和忠诚度，这样的人再有智慧，你还敢用吗？

在一个企业中，如果员工缺乏足够的责任和忠诚的话，企业的业绩和团队精神就要受到损害，也就是说，所有成员的责任和忠诚才是一个企业最稳定的根基。

“一点点忠诚比一堆智慧更有用”，因为忠诚会让你在困境中不违背集体的利益，甚至为了集体的利益而不惜牺牲自己的利益。

缺乏忠诚只有智慧的人会想出一大堆点子让自己如何摆脱困境，但有一点你可以相信，那就是没有一个点子不是为他自己的利益考虑的，至于集体，早就抛到九霄云外了，这个时候，哪有心思还想什么集体。

犹太人是非常智慧的，他们认为聪明的老虎都知道，与其放一只狐狸在身边给自己出谋划策，倒不如放一只狗在身边。因为遇到危难时，第一个弃老虎而去的肯定是狐狸，而能和老虎出生入死的肯定是那只狗。

所以在犹太人掌管的企业里，你会看到他们的员工非常有责任感和忠诚度。因为老板认为，有责任感和忠诚度的员工的聪明和智慧让人踏实和放心。

相反，谁敢用一个聪明的但缺乏责任感的员工？如果你对自己的责任和忠诚没有把握，那么请锤炼之后再去工作吧。一个背负缺乏责任感和忠诚度之名的人，还有谁敢用他？

“责任和忠诚让我们能战胜一切的困难。”

勇气来自哪里？战胜困难的决心来自哪里？当你的企业陷入危机之中时，会有多少人和你站在一起？

这是最能考验责任和忠诚的时候。当然，对那些临阵脱逃的人也应给予足够的理解，毕竟他们有权利选择这么做。而对那些能够勇敢地去为企业承担困难的人，我们是理应给予敬意的，他们更加难能可贵。这个时候，责任和忠诚所带给企业的力量是无法估量的，它能让我们战胜一切困难。

背叛和忠诚有可能同时出现在同一家公司。背叛可以摧毁一家公司，忠诚和责任却可以拯救一家公司。这就是责任和忠诚的价值。

别忘了随时给员工上这样一堂课，他们需要这样的培训和激励；领导者也应该随时上这样的一堂课，因为他们是员工的表率。

这就是我们的企业为什么需要责任和忠诚。

第二章

服从是美德

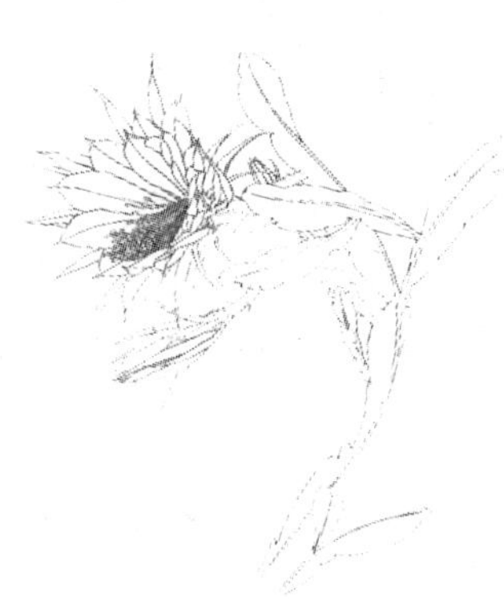

服从是一种美德

服从，是一种美德。优秀的员工，都相信一个观念，那就是“不管叫你做什么都必须照做不误”，这样的观念就是服从的观念。军人天职必须以服从为第一要义，不会服从，不养成服从的观念，就不能在军队中立足。

1945年6月30日，布雷德利将军给巴顿写了一个不同寻常而又合情合理的评语：“他总是乐于并且全力支持上级的计划，而不管他自己对这些计划的看法如何。”服从是自制的一种形式。

对于一般人来说服从也是一种重要的品质，尤其是在职场的团队合作中。在企业中服从是行动的第一步，是合作的开始，因此必须放弃一些个人的观念，完全融入到组织中去，这样才能使团队发挥最佳的水平。

每一位员工都必须服从上司的安排，就如同每一个军人都必须服从上级的指挥一样。服从是一种美德。也许，在有些人看来，你的不服从似乎是一种个性的张扬，一种自我魅力的展现。但任何事都有它特定的规则，鲜花注定要有绿叶的衬托才会有它的色彩；个人注定要有组织的依托才会有他的价值。没有服从的意识就没有成功的可能。

一个优秀的公司，每个员工都应该各司其职、各就其位，做好本职工作，每个员工都应具有良好的服从观念和服从意识。一个优秀的员工应做到：上司做决定时很好地“服从”；上司要求解决问题时一定“顺从”；与上司没有共识时尽量“听从”。到最需要的地方去，做必须做的事，而不是忘记自己的责任，脱离自己的岗位。

从另一种意义上说，服从就是公司的重要生产力。没有彻底执行服从观念的公司是没有发展前途的。所有团队协调运作的前提条件都是服从，甚至可以说，没有服从就没有一切。你的创造力和主观能动性一定是在服从的基础上建立起来的，否则，再好的策划也会因为没有服从做保证而搁浅。因此，公司要把服从意识作为重要的理念来看待，要下大力气在公司内部营造人人服从公司领导，人人执行公司发展战略、规划和计划

的文化氛围。在公司内部，领导就是领导，员工就是员工，下级对上级服从是公司的绝对法则，是每个员工的天职。这样才会创造强大的凝聚力，才会使公司在竞争中立于不败之地。

在企业管理中，一个高效的企业必须有良好的服从观念，一个优秀的员工也必须有服从的意识。因为上司的地位、责任，使他有权发号施令；同时上司的权威、整体的利益，不允许部属抗令而行。

商场如战场，他人的观念在企业界同样适用。每一位员工都必须服从上级的安排。不能否认任何人都有自己的独立性，服从的人必须暂时放弃个人的独立性，个性服从共性，全心全意去遵循所属机构的价值观做事。在组织活动中，如果每个人都去强调自己的个性，都去凸显自己的与众不同，那么，当一项任务下来时，甲坚持这样做，乙坚持那样做，丙对甲乙双方的意见都不赞同，组织成员之间就这样互不相让，那么，这项任务该怎么完成？企业该怎么发展？

所以，服从就是要遵照指示做事。在公司中，必须要保持上级指挥下级、下级服从上级的制度。如果不注意这一点，不但会给本人和上司制造麻烦，公司的业务进展也会不顺利。

这是一个个性化的时代，谋求个人利益、追求自我实现是

天经地义的。但是，遗憾的是很多人没有意识到个性解放与服从并不是相互对立的，而是相辅相成的。许多年轻人以玩世不恭的态度对待工作，他们蔑视服从精神，嘲讽忠诚，他们认为自己之所以工作，不过是迫于生计的需要，这样的员工在任何地方都不会有自己的成就。因为他们的思想和行动都严重脱离了社会的生存原则和共识，也就注定会在不断的脱离过程中走向毁灭。

人总是会在满意与不满意、愿意与不愿意的无休无止的交织中做自己该做的事情。在遇到自己不满意的事情时如果能控制好自己的情绪，以宽阔的胸怀对待自己的工作，老板会心知肚明。知道你在情感上掩藏着极大的不满，却理智地执行了他的决定，对你的气度和胸怀，他也不得不佩服甚至生出敬重之情。相反，顶撞老板，使自己与老板的关系在某个特定时段陷入紧张状态，进入不愉快的合作氛围，要缓和、改善这种僵局所付出的代价，可能比你当初忍辱负重的服从要大出几倍甚至几十倍。

要知道，服从是一种美德。你的服从可以证明你的大度和谦和。可以给人以值得信任的感觉。当你无条件服从时，你的精神可以感动所有与你合作的人。

服从不等于盲从

服从是员工素质的第一要素，但是老板更喜欢那些既服从又不盲从，有自己的意见又能充分领会老板意见的人。因此，掌握服从的分寸，才是优秀员工的行为。

有一位企业负责人能讲一口流利的英语，在跟外商谈判中，他的位置就显得尤为重要。慢慢的，他有些飘飘然了，对于那个个头儿比自己矮，学历、水平和能力也没有自己高的上司有些不以为然。

有一次他和自己的上司在跟外商谈业务的Party上，得意地跟外商频频举杯，跟外商海阔天空地闲聊，他的上司频频向他示意要将合同定下来，但他却视而不见，只顾着卖弄自己。结果这个本来可以当时就拍板的合同因为拖的时间太长被别人抢了先机，生意被别人抢去了。没几天，他就被以一个无关紧要

的理由辞退了。

临走时，他的上司告诫他：“纵然再有才华，也要服从组织的安排。”他这才知道自己没有找准自己的角色位置，自己充其量是一个有才干的人，却不是一个公司的中流砥柱。

作为一个部门经理，在各种场合都应当以组织为中心，突出组织的地位。如果喧宾夺主，那么整个组织的原则就无法得到贯彻，行动也会落后于别人，任何组织都不会容忍这样的个体存在。因为，一个组织就像一个家庭，家庭成员不团结当然就会有外人乘虚而入。一个公司内部存在分歧，很快就会有竞争对手知道，那么竞争对手也会乘火打劫。所以，一个团队，首先要在各成员服从一致的基础上统一起来，才能应对市场的残酷竞争。所以，企业在用人时并非只会看重员工的职业技能，许多优秀的职业素养往往更是决定员工能否被老板赏识的关键因素。

一个企业，如果纪律贯彻不力，下级就会斗志松懈、纪律松弛，反之，如果纪律严明、赏罚有度，企业的凝聚力、战斗力就会大大提升。一个团结协作、富有战斗力和进取心的团队，必定是一个有纪律的团队。同样，一个积极优秀的员工，也必定是一个具有强烈纪律观念、善于服从的员工。

在职场流行一句话：“职场守则第一条：老板永远是对的；第二条：如果发现老板错了，请参照第一条。”如果你遵照执行，那就是盲从。这句话强调了员工对老板的绝对服从，但这并不表明老板向你下达的所有指令你都必须执行。因为老板不一定永远是对的。当他出现错误的时候，他最希望的是能够有人及时地给他指出。

人无完人，我们在执行老板命令的时候不应该盲从。老板也是人，不是神，当然也就有说错话、做错事、下达错误指令的时候。当你发现老板有错时，你怎么办？这就需要你在接受老板安排的任务时进行冷静的思考，权衡利弊。如果确实该做，就要毫不犹豫地去执行；如果是不应该做的，并且对自己、对公司都贻害无穷，那就想方设法拒绝，而不能盲从。你一定要能够独立思考，处事有主见。对老板的能力、水平、人格可以认同和赞赏，但不能迷信和个人崇拜；可以尊重、热爱自己的老板，并认真执行他的正确意见和主意，但不是不加任何的辨别和分析，随便地盲目执行。

如果你觉得老板的命令有一定的错误，而且涉及公司的前途，必须要让老板知道他的错误，你应该在适当的场合适当的时间私下找他聊，谈谈自己的意见和看法。一个成熟的职场人

士，对老板的旨意充分理解的要执行，不理解的就在与老板的交流中执行，你要能充分明白老板的意图，如此才能看清老板的命令是否真的错了。

但是，这一切都要以服从为前提，不盲从并不代表不服从，不要为了找老板的错误而去看老板的命令，假如你力争证明老板错了，那么你才是真正犯了大错。

只有处理好服从与盲从之间的分寸，你才能获得信任、支持、帮助和鼓励，你才会精神振奋，干劲倍增，心无旁骛地投入到工作当中。如果与上司矛盾尖锐，关系僵化，则心理上必然抑郁、沉闷，长此以往会导致人格、性格、心理、生理的严重扭曲，结果不是屈服依附，唯唯诺诺，就是消极颓废，丧失信心。

许多在职场中打拼多年的人都有这样一种深刻体会：服从一次容易，事事依从领导却很难。那些职场中的老员工几乎都曾有过刁难领导、违背领导命令的经历，虽然在平时他们大多数都能很好地与领导相处。

许多时候你可能是刚受到领导的批评，情绪化地对待领导的命令，不服从甚至顶撞领导随之而来的新安排和命令；也可能是因为领导的原因使自己的利益得不到满足，引发抵触心

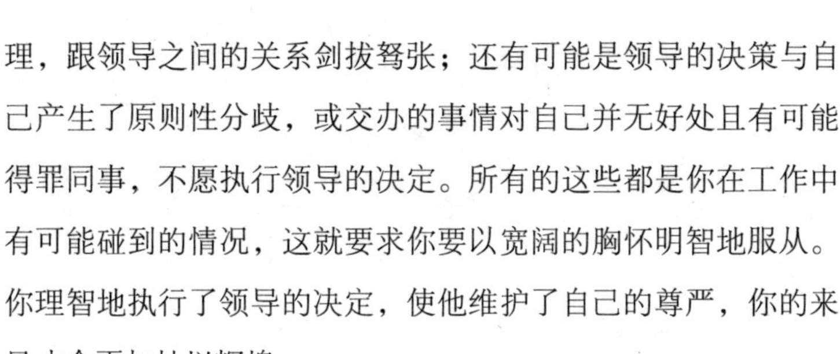

理，跟领导之间的关系剑拔弩张；还有可能是领导的决策与自己产生了原则性分歧，或交办的事情对自己并无好处且有可能得罪同事，不愿执行领导的决定。所有的这些都是你在工作中有可能碰到的情况，这就要求你要以宽阔的胸怀明智地服从。你理智地执行了领导的决定，使他维护了自己的尊严，你的来日才会更加灿烂辉煌。

“服从第一”应该大力提倡，善于服从、巧于服从更不应忽视。巧妙地服从，其实也是一种人生策略。如果你是个才华出众的下属，对待领导命令的正确方法就应该是认真地去执行，在执行中妥善地弥补领导的失误，在服从中显示你不凡的才智。

要快乐地服从

一个优秀的员工，在个人自由和保持个性独立遭受威胁的时候，仍然能够为了维护团体的利益和形象做到绝对的服从。很多优秀的商学院经常进行这样的系列训练，在学员成为管理者之后，才能够真正以国家和民众利益为重，并坚决服从国家和民众所交给他们的任务！

“一个管理者的成败，有很多地方就是取决于有没有学会服从的角色。”这对于当代某些失败的公司员工们，很有警示意义。他们之所以失败，正是因为他们缺乏服从意识。他们之所以做不到服从，是因为他们经受不住考验，不能像优秀员工那样为了服从，能够牺牲个人的自由和既得利益。

一个优秀的管理者应该时刻牢记这句警世名言——“管理者的成功与否，有很多地方就是取决于他有没有学会服从的角色！”

一个高效的企业必须有良好的服从观念，一个骨干员工也必然有服从意识，二者是相辅相成的。一个团队，如果下属不能无条件地服从领导的命令，那么在达成共同目标时，则可能产生障碍。而且，没有服从理念的员工不能成为一名骨干员工，也无法实现人生价值。所以，每个员工在工作上都要学会坚决服从，绝不推卸责任，领导要的是结果，而不是你的解释或借口。

如果要问什么样的员工最难管理，相信大多数老板都会说是那些不服从自己决策的员工；如果再问他们怎样管理这样的员工，老板们都会说："不是我炒他们，就是他们炒我。"那些能留在公司里并被老板赏识的员工，他们总是能服从老板的决定，即使在自己有不同意见的时候也是如此，他们会向老板呈述自己的建议，但是仍然会听从老板的指示。

最高级的服从艺术不认为服从是一种压迫，而是自己的一种工作职责，是自己工作时的快乐。老板之所以招募员工，就是要用来解决问题，而不是制造问题的。如果一味地显露自己，认为自己是一流的，而不愿意服从，那么你的职场生涯是不会很稳定的。还记得"杨修之死"吗？杨修可谓千古奇才，可是他却因为自己过于注重自己的才华，总是认为自己胜人一筹，他还没

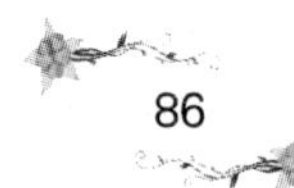

有表现出过多的不服从，就被老板开了。想想我们能有杨修之才吗？因此真正地从内心里服从才是最明智的选择。

有位以服从为美德的优秀员工在提到服从时说："我服从，因为我在服从中能够学到很多的东西，比如老板的决策方法；我服从，因为我在服从中能够增加自己的道德修养，我会站在别人的角度尤其是老板的角度考虑问题。"这样的服从，是一种快乐的服从艺术。

因为快乐，他们会与上司成为盟友。承认上司比自己优秀，对于上司的命令坚决服从，这会使团队的凝聚力提升，战斗力也就越发强大。要让很自负的人承认"所有"的上司都比自己优秀，是不容易的。但是上司的主要工作就是发布命令、统筹全局，而员工的责任就是听从指挥。

丽亚从秘书升成老板的助理，一共用了一年的时间。在这期间，在工作中他们成了好搭档。一段时间以来，公司内部开始有人抱怨老板的冷血无情。他总是要求下属的工作尽善尽美，却从不给予他们工作成就上的肯定。作为他的秘书，丽亚觉得有必要缓和一下这种紧张的关系。当某个人漂亮地完成一项任务，她会趁高兴时与老板探讨这件事，当老板向丽亚说出了对执行者的肯定时，她会把他的话传达给那个人。慢慢地，

大家对老板的感情发生了变化，越来越多的人认为在这个团队中工作会得到更多价值的体现，而老板的那些经丽亚带到他们那里的话，也更多地激发着他们的斗志。

由于丽亚的秘书工作背景，造就了她比较细腻、温和的处世态度，这在很多方面弥补了老板的缺点。但丽亚始终知道自己的位置，在工作中处处服从老板的命令，维护老板的形象，结果她获得了别人无法企及的职业待遇。

对于老板而言，他们所面对的不仅仅是公司发展前景、财务状况的压力，还必须面对不断涌现的突发问题。他们面对自己的下属不服从时，就会非常地恼火，因为那意味着自己很多前期的计划都是失败的。而优秀的员工能够体谅老板的苦衷，能够与老板配合默契，积极乐观地服从他的每一项决议。

一些员工在工作中可能很难顺畅地抒发对老板不满的消极情绪，往往压抑因恶劣关系所致的怒气以及失望的心情。但是压抑消极情绪会比直抒胸臆危害更大。当自己不能服从时，要想一想："为什么我不满，让我生气的理由是什么？是我的过错还是老板的责任？"认为自己的服从是被压制的时候，不妨先分清究竟是气还是急，是指责问题的对与错还是在着急公司未来的发展，是站在自己的角度还是站在老板的角度。

另外，最快乐的服从还体现在与老板意见相左时，能够心平气和地与老板进行沟通。有人说老板是你真正意义上的衣食父母。这话夸张了一些，但是受雇于人，为他人工作的人，假如总是与上司的意见相左，他的工作就不可能顺利做好。如果对上司的决策、命令有意见，可以勇敢地提出来。但如果没有得到上司的认同，作为员工的我们应当服从命令。

在工作中，员工与老板必须多沟通。对于自己的命令，老板也喜欢员工能多提一些意见，这样让他不至于偏执。虽然决策权一直都在管理者手中，但是广泛听取员工的意见对于老板而言是有利而无害的。同时，他们更期待这些沟通意见和解决问题的方案。

快乐的服从是服从的高级艺术，也只有快乐的服从才会让自己的职业生涯有声有色。

服从造就团队

任何组织的统一步伐都是在个人服从集体的基础上进行的。服从是组织合作、步调统一的必然要求。没有服从就没有团结。

只有学会了服从领导者才有可能以最佳的方式和方法处理好个人权威与集体权威、个人利益与集体利益的关系。服从命令，并且立刻去做，这样对更好地完成工作是极为有利的。

服从是一个优秀员工必须接受的严峻考验，当然服从的员工也并不是唯命是从，服从强调的是对公司的认同。每个公司都有自己独特的公司文化，全体员工都要以此为理想，把它作为要求的标尺。

所以，服从是团结一致的第一步，是企业发展的第一步。服从就是要遵照指示做事。服从的人必须暂时放弃个人的独立

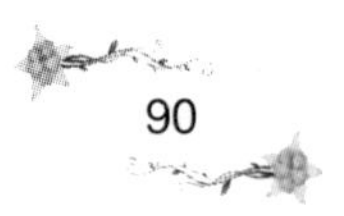

性，个性服从共性，全心全意去遵循所属机构的价值观做事。

一位管理者在谈到“服从”时说：“我每次遇到员工不服从组织调配时，都会采取一种与他人十分不同的处理方法。我的第一个行动是同这个员工商量，采取哪些具体措施以改进工作。我提出建议并规定一个合情合理的期限。这样，也许会获得成功。不过，如果这种努力仍不能奏效，那我必须考虑采取对员工和公司可能都是最好的办法。当我发现一个员工不遵守纪律、工作老出差错时，就决定不要他！因为服从组织决定没商量。”

上司的地位和责任决定了他有权对下属发布命令，在一个团队里，如果下属不能无条件地服从上司的命令，那么在达成共同目标时，就可能困难重重，甚至会直接导致项目的流产。因此，没有服从就没有团结，就没有企业的进步和发展。

现代企业的作业方式已越来越流水化、单纯化，无可否认，这是导致员工工作情绪低落的原因之一。如果你不能适应这样的环境，不了解企业作业的各个环节，又如何做好一名称职的最有竞争力的员工呢？可惜，许多时候，我们总是差那么一点点坚持服从到底的态度。

遗憾的是，很多员工往往没有把握好服从的角色，自

以为“我只是一个普通的员工而已，一切决策和行为都与我无关。”缺乏服从领导的意识，甚至于“做一天和尚撞一天钟”。这样的员工又岂能有机会成为公司的精英和栋梁？又怎么能取得公司的信任以委派重任？

所以，服从是成为优秀员工的首要任务。只有定位好自己服从的角色，才能在现代的职场竞争中立于不败之地，也才能使你成为公司不可或缺的员工，甚至是公司的高层领导！

总而言之，服从对任何组织来说都是至关重要的。没有服从精神的组织，只能称为“乌合之众”。作为员工要认真地不断地检讨自己的行为，磨合自己的服从意识，这才有可能远离乌合之众，走向职业的辉煌。

服从是执行的核心要素

在一个公司里，培养服从精神能给人带来坚决的行动勇气，激发全身心的力量。在公司里，员工需要这种服从精神，以便提高自己的执行能力。

服从是执行的第一步，要求所有员工暂时放弃个人的独立自主，听从领导的决策，并立即遵照指示做事，力求第一时间圆满完成任务。一个人只有在学习服从的过程中，才会实现团队的利益和自我价值，这样的人才是企业的骨干。很多具有满腹才华的人，就是因为缺乏服从的品质，最终一事无成。因为缺乏服从意识，企业的发展也受到阻碍。

企业组织在寻找能完成任务的员工时，首先强调的也是纪律和服从。没有统一目标的企业是“军心涣散”的企业，没有在统一目标下为一个目标而执行不止的员工精神，企业也不能

获得巨大的凝聚力。只有当所有员工的执行方向都使向一个方向，为了一个大目标而竭尽所能完成自己的小目标，企业的前进才有真正的动力。

公司在每个阶段都有自己的计划，而计划的执行者是公司中的每一位员工，所以，执行态度的提升对于公司战略目标的实现具有重要的意义。

一位年轻人毕业于著名的石油大学，后被分配到一个海上油田钻井队。在海上工作的第一天，领班要求他在限定的时间内登上几十米高的钻井架，把一个包装好的漂亮盒子送到最顶层的主管手里。他拿着盒子快步登上高高的狭窄的舷梯，气喘吁吁满头大汗地登上顶层，把盒子交给主管。主管转身背对着他打开盒子，看了一会从盒子里取出来的东西，然后封好包装并在上面签下自己的名字，就让他送回去。他又快速下舷梯，把盒子交给领班。领班同样背对着他，然后换了一个新盒子，也在上面签下自己的名字，让他再送给主管。

他看了看领班，犹豫了一下，又转身登上舷梯。当他第二次登上顶层把盒子交给主管时，浑身是汗，两腿发颤，主管却和上次一样，背对着他仔细看了会儿后又在盒子上签下名字，

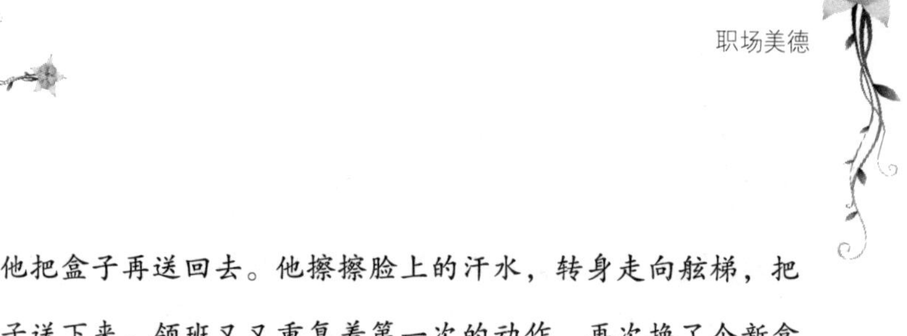

让他把盒子再送回去。他擦擦脸上的汗水，转身走向舷梯，把盒子送下来。领班又又重复着第一次的动作，再次换了个新盒子并签完字，让他再送上去。

这时他有些愤怒了，他看看领班平静的脸，尽力忍着不发作，又拿起盒子艰难地一个台阶一个台阶地往上爬。当他上到最顶层时，浑身上下都湿透了，他第三次把盒子递给主管，主管看着他，傲慢地说："把盒子打开。"他撕开外面的包装纸，打开盒子，里面装了二枚螺丝母。他愤怒地抬起头，双眼喷着怒火，射向主管。

主管又对他说："把这二枚螺丝母分别拧到那边的螺丝上。"年轻人再也忍不住了，"叭"地一下把盒子摔到了地上："如果这样戏耍人的话，我不干了！"他感到心里痛快了许多，刚才的愤怒全释放了出来。

这时，主管严肃地对他说："螺丝母虽小，但却能固定住这座井架。你可能不知道，你反复地上下没有白忙活，因为找到了适合的螺丝母。再者，我刚才让你做的这些，叫作承受极限训练，因为我们在海上作业，随时会遇到危险，这就要求队

员身上一定要有极强的承受力，承受各种危险的考验，才能完成海上作业任务。作为一个优秀的海上油田钻井队队员，首先应该对上级命令绝对服从，它是成就油田事业的素质之一。可惜，前面三次你都通过了，只差最后一点点，你没有把螺丝母拧到螺丝上。现在，你可以走了。”

服从是组织合作、步调统一的必然要求，没有服从就没有团结。服从是企业发展的第一步，是团结一致的第一步。一个团队如果下属不能无条件地服从上司的命令，那么在达成共同目标时，则可能产生障碍；反之，则能发挥出强的能量，使团队获得最大的业绩。

“服从是军人的天职”，尤其是初级职务军官，学不会服从，不养成服从观念，就无法在军队立足。并不是所有上司的指令都千真万确，上司也会犯错误，但上司的地位、责任使他有权发号施令；上司的权威，整体的利益，又不允许部属抗令而行。因此，服从观念要在所有员工身上打下深深烙印，没有服从——这种军人特殊的美德，就请走人。

接受批评，忠实服从

生活中没有谁一辈子都正确，工作中同样如此，没有谁可以保证自己不会被人骂，尤其是被领导骂。有些人被领导骂过之后觉得自己脸上无光，于是产生对立情绪，对领导的话不再听从，于是，搞得领导更加气愤难当，最后只有下逐客令。想想这样的结局对谁有利？工作中，最让领导恼火的就是他的话被你当成了“耳旁风”。如果你总是我行我素，觉得领导批评错了，势必会影响自己在公司里的地位。接受批评能体现对领导的尊重，对团队的服从，是一个人优秀素质的体现。

当然，公开场合受到不公正的批评、错误的指责，会给自己心理造成被动。但你可以一方面私下耐心做些解释，另一方面，用行动证明自己。或者可找一两次机会表白一下，但要点到为止。不要过于追求弄清是非曲直，不然会让人们感到你心

胸狭窄，经不起任何误解。

小李是做电视剪辑的，刚到公司，需要学习的东西很多，他经常被分派许多任务，忙得昏天黑地，一次，为了完成任务，他有半个月的时间不出房间，到最后交工的时候还被老板训的狗血喷头。慢慢的，他有些不愿意工作了，对于老板的命令不能百分百地服从，即使接下来，抵触情绪也很高，他总认为老板是针对他个人，好像不喜欢他这个人。像小李这样的员工决不在少数，他们往往因为一时的辛苦，就对自己的工作有所怀疑，加上老板有时会对自己出言不逊，就对老板产生抵触情绪，认为老板是故意找茬儿，这种思维是造成情绪对立的原因之一。其实，有一点经验的人都知道，这样做的直接后果就是自己受伤害。

聪明的老板会给员工公平的待遇，而员工也会以自己的服从予以回报。如果你是老板，一定会希望员工能和自己一样，将公司当成自己的家，更加努力，更加勤奋，更加积极主动。因此，当你的老板给你发出命令时，你应该学会从老板的角度出发，接受他的命令，接受他的批评，而不要产生对立情绪，因为，你的对立只会对自己不利。

老板要想成就自己的事业，需要员工的配合，同时员工要想成就自己的事业，也需要老板的支持，因此，老板和员工是一个相互协作的关系，而不是对立关系。

如果你觉得老板对你不够公正，首先要冷静几分钟，想一想“他为什么这样做？”如果你过于情绪化，或者一向对上司有成见，可能会和他大吵一架，而这样只会使情况更糟。要始终坚持“对事不对人”的态度，了解他的真实想法，顺应他的思路，冷静、客观地提出要求。不要感慨自己的遭遇，不要认为老板是针对你个人。你不能获得上司的赏识，肯定是某一方面出现了差错，你应该学会积极地检讨，检讨一下你自己的工作态度和工作成绩，如果的确不出色，那么你应该利用这个老板给你挑错的机会，充分认识自己的错误，从挫折感中走出来，而不是对抗老板，拒绝服从。

为了公司的利益，每个老板只会保留那些最佳的职员，而那些没有对立情绪的人绝对是其中之一。同样，为了自己的利益，每个员工都应该意识到自己与公司的利益是一致的，而不是对立的，并且全力以赴努力去工作。只有这样，才能获得老板的信任，并最终改变自己的状态。

如果你在工作中被老板批评，最好的解决办法就是积极与

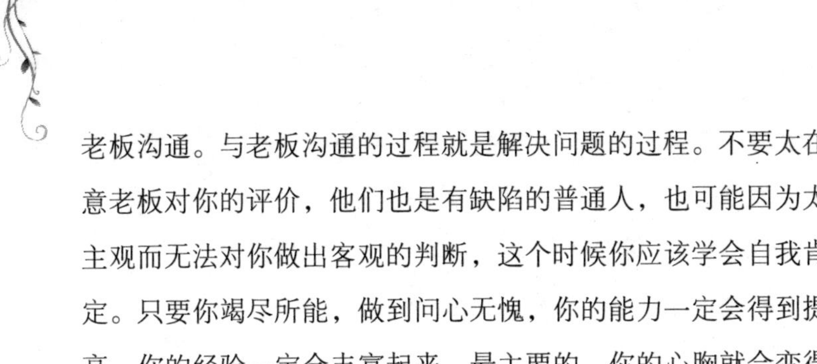

老板沟通。与老板沟通的过程就是解决问题的过程。不要太在意老板对你的评价，他们也是有缺陷的普通人，也可能因为太主观而无法对你做出客观的判断，这个时候你应该学会自我肯定。只要你竭尽所能，做到问心无愧，你的能力一定会得到提高，你的经验一定会丰富起来，最主要的，你的心胸就会变得更加开阔。

在一个公司里，老板和员工的关系必须和谐统一，这个公司才是朝气蓬勃的、富有潜力的，才是不断发展进步的。因此，一个优秀的员工，应该学会服从，而不是对立，即使老板总是对你不满意，即使老板总是给你分派最重的活，老是对你批评指正，也不要产生对立情绪，因为老板之所以对你这样是因为他看重你，当老板对你没有任何要求时，那就表明他对你不再抱任何希望，也就是他要放弃你的前兆了。有失必有得，你何不抓住机会提升自己？因为只有无条件地执行才是企业所需要的好员工，但作为一名领导者也必须学会服从。

服从才能做老板的得力助手

每一个老板为了成就自己的事业，都需要一个得力的助手。他们总是在千方百计地寻找自己所需的人才，而这样的人才的第一个标准就是服从，对于老板而言，服从永远都是第一位的。没有服从就没有工作的正常开展，业绩就更无从谈起。所以，服从是保持正常工作关系的首要条件，是融洽相处的一种默契，也是老板观察和评价自己下属的一个重要尺度。唯有服从才能成为老板的得力助手，才能获得老板的肯定和信任。

一个将军的背后是一群能完成任务的士兵，一个老板的背后也需要一群能创造出色业绩的员工。一个人即使再忠诚于老板，如果不能为老板带来财富的增值，老板也无法委以重任。

优秀的业绩是个人价值和能力的最好体现。因为你总是做得出色。总是在老板最需要的时候出现，你就会提升自己在老

板心目中的地位。老板可能会欣赏某一个员工的性格、能力、水平，但最终是以“结果”来说话，一个优秀的员工不在于他外表上多么能干，也不在于他说了一些什么豪言壮语，关键在于他干了多少，能否让老板眼前一亮。

这样的人才总有一天会被老板重用。

成为一名优秀的员工并不是以外在的东西作评判的，学识、地位、经验，有时并不说明你就是最优秀的，在大多数情况下，结果决定一切！

当老板发布命令的时，下属要参透他的意思，站在老板的位置上去想，这会让老板有一种安全感，他的领导才能才会在一个内部关系顺畅的团队中表现得更好。事实上，只有那些懂得为老板创造展示机会、事事强调老板地位，也就是说事事能够服从的员工，才能从老板那里获得更多的回报。

那些缺少服从意识的人，一定是自制意识非常差的人。而善于服从的人最终都会形成一种严谨的做事风格。

有的人企图在人群中脱颖而出，因此，他认为服从的人是没有创意的人。脱颖而出本来是一种非常好的意识，而且是让你往上努力奋发的动机，但是却常常会碰到有些人走错方向，他们一心想脱颖而出，可是事情并不如他们想象的那么顺利，

结果他们只有用错误的方式走正确的路，结果也只会是一败涂地。在我们的群体中，我们常常会发现这样的人，老板规定下午6点才能下班，他偏偏要5：50离开办公室，事实上他不是为了要争取这10分钟，而是要向大家证明他跟人家不一样。因为他要脱颖而出，但又找不到出口，所以，他就走火入魔，用其他的方法来证明他的突出，这是非常危险的。这样的人渐渐地就会形成一种懒散的习惯，一种对抗的意识，这样的员工绝对是老板的心病，即使再有才华，也只会是老板眼里的定时炸弹，老板会如何处理他也就一目了然了。

员工服从与否，直接决定老板决策的执行水平和质量。所以，如果你真有水平，想发挥自己的聪明才智，就应该认真执行老板交办的任务，巧妙地弥补老板的失误，在服从中显示你不凡的才华，这样的员工才会成为老板的左膀右臂，也才是老板的最爱。

有一位著名的田径教练，每当见到运动员，便苦口婆心地劝他们把头发剪短。据说，他的理由是：问题并不在于头发的长短，而是在于他们是否服从教练。可见，纵然不懂教练的意图，但不找借口地服从，这才是教练所期望的好选手。同样，服从并执行，这才是公司所期望的好员工，才会受到老板的信任并委以重任。对于你而言，你才会有机会脱颖而出。

第三章

尽职尽责的美德

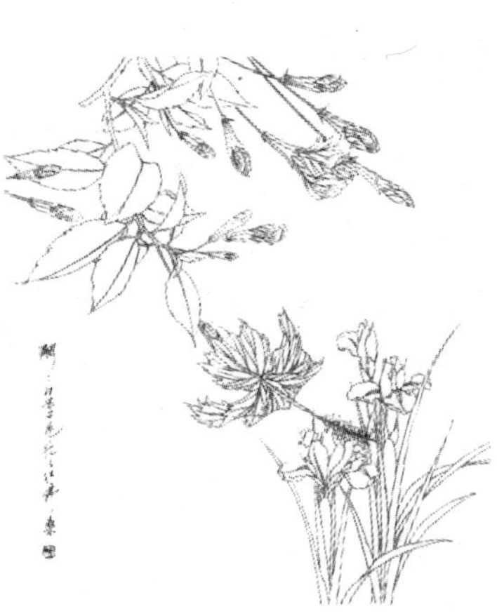

播撒责任的种子

如果希望自己的一生有所成就，就要把“责任”这两个字永远铭刻在自己的心中，必须让责任感成为鞭策、激励、监督我们不断发展的力量，只有这样，我们在工作上才不会有丝毫的懈怠，才会更加的奋发图强。

另外，当我们把责任铭刻在心中的时候，也要注意责任与责任感是有区别的。责任是指对任务的一种负责和承担，而责任感则是一个人对待任务、对待公司的态度。责任感是简单而无价的。

有多么强烈的责任心，就注定我们会有多大的成就。一个人是否还在浑浑噩噩地生活，这也取决于他自己对责任感的强弱。如果在工作中，出现问题也绝不推脱，而是设法改善，那么将会赢得足够的尊敬和荣誉。

能力不能决定你的成功，更不能决定你的命运。让品质来说话吧，特别是带有责任心的品质，这是一种大家都知道，却是极少数人能够把它发挥到极致境界的稀有资源。品质是决定成功的基石，这不是一个空穴来风的判断。调查表明，90%的优秀推销员都不是口才很好、擅长交际的人。相反，他们的性格偏内向，相貌平平，然而无一例外，他们都是品质过硬、责任心强的人。当有人问及成功的秘诀时，他们只是说："这是我的工作，我只是尽工作的责任罢了。"

从卑下到伟大，没有行业的界定，更没有能力的障碍，就看你肯不肯负责任，有没有责任心。

紧张地工作，全身心地投入其中，全心全意、尽职尽责地做好自己的工作，这是成功员工的真实写照。工作松懈的人，不管在什么领域，也不会取得真正的成功。要是把工作仅仅当作赚钱的工具，这肯定是会让人蔑视的。只有经历艰难困苦，才能取得世界上最大的幸福，才能取得最大的成就；只有经历过奋斗，才能取得成功。懂得这一点有重大的意义：对于打工的人来说，只有全心全意、全力以赴地做好自己的工作才能既为公司创造利润，又为自己的发展奠定基础，从而获得双赢的结果；对于正在为自己的事业而奋斗的人来说，同样需要竭尽

全力地去做。许多成功的人士都是这样的。

“要做就做得更好，否则就不做。”这应该成为每个职场中人的工作原则和态度。你的每一天都在倒计时，一个人无论从事何种职业，都应该全心全意、尽职尽责，这不仅是工作的原则，也是生活的原则。

威廉·埃拉里·钱宁说：“劳动可以促进人们思考。一个人不管从事哪种职业，他都应该尽心尽责，尽自己的最大努求得不断的进步。只有这样，追求完美的念头才会在我们的头脑中变得根深蒂固。”

叶灵和江吴是一家大型跨国公司里的两名优秀职员，在对待工作上，都能够尽职尽责。但是，他们两个人的差别就在于，叶灵认为自己尽职尽责地完成了自己岗位上的工作后，便觉得自己的工作已经努力到家了；而江吴则要求自己在尽职尽责之外，还要力争把工作做到尽善尽美。三年后，江吴成为了这家公司的一位部门经理，社交的范围更广泛了，而叶灵只是一名职工。

当你对工作充满责任感时，就能从中学到更多的知识，积累更多的经验，就能在工作的过程中找到快乐。这种习惯或许

不会有立竿见影的效果，但可以肯定的是当懒散、敷衍成为一种习惯时，做起事来往往就会不诚实。这样，人们必定会轻视你的工作，从而轻视你的人品。粗劣的工作，就会造成粗劣的生活。工作是人们生活的一部分，做着粗劣的工作，不但使工作的效能降低，而且还会使人丧失做事的才能。工作上投机取巧也许只给你的老板带来一点儿经济损失，但是毁掉的却是你的一生。

那些责任感不强的泥瓦工和木匠，将砖石和木料拼凑在一起来建造房屋，在这些房屋尚未售出之前，有些已经在暴风雨中坍塌了；那些责任感不强的医科学生不愿花更多的时间学好医术，结果做起手术来笨手笨脚，让病人冒着极大的生命危险；责任感不强的律师在读书时不注意培养能力，办起案件来捉襟见肘，让当事人白白浪费金钱；责任感不强的财务人员，在汇款时疏忽大意写错了一个账号，给公司带来灾难性的损失……这样的人，都会因为给老板和顾客带来灾难而失去工作的资格。

如果一个人具备责任感，他就会有战胜诸多困难的强大精神力量，就会有勇气去排除万难，把不可能的事变成有可能，甚至还完成得相当出色。如果一个人失去了责任感，那么他做

什么事都不会成功，即使他工作能力突出，最终的结果也将是一塌糊涂。

对一些人来说，尽管他们手中握住了权力，但由于他们没有很强的责任感，做起事来没有投入，最后他们也就没有发展。在他们看来，只要把事情做完就行了，至于责任感有无皆可。事实上，企业是由许多人组成的，大家有共同的目标和共同的利益，企业里的每一个人都负载着企业的生死存亡、兴衰成败的责任，因此无论职位高低都必须具有很强的责任感。

缺乏责任感的员工，不会视企业的利益为自己的利益，也不会因为自己的所作所为影响到企业的利益而感到不安，更不会处处为企业着想，为企业留住忠诚的顾客，让企业有稳定的顾客群，他们总是推卸责任。在老板眼里，这样的人是不可靠的、不可以委以重任的人，一旦他们伤害到公司和客户的利益时，老板会毫不犹豫地将其解雇。

对待工作，是充满责任感、尽自己最大的努力，还是敷衍了事，这一点正是事业成功者和事业失败者的分水岭。事业有成者无论做什么，都力求尽心尽责，丝毫不会放松，不会轻率疏忽。

当然，责任感也有强弱之分，在某一时间，我们会有着强

烈的责任感，而在某一时间我们却把责任抛在脑后。所以说，要让责任感成为我们脑海中一种强烈的意识，深入到工作中的每一点每一滴。但是，做起来有时真的很难，因为在这个过程中，诱惑的东西太多了，让我们难以克制自己。作为一个人来说，我们不是所有的时候都能靠理智战胜感情，也不是所有时候，能够靠责任感战胜懒散。

我们一定要有责任感。我们要在工作中培养责任感，这就像公交公司的司机，能让车天天保持整洁；就像书店的营业员，能勤擦书架上的灰尘。当我们把责任感培养成一种习惯，成为一个人的生活态度时，我们就会自然而然地担负起责任，而不是刻意地去做。当把这些情况当作必须做的事情时，我们就不会觉得麻烦和疲劳。换言之，当意识到责任在召唤我们的时候，我们就会随时为责任而放弃一切，甚至付出生命。

懂得为自己的行为负责

成大事者是自动自发地工作的人，他愿意为自己的所作所为承担责任。所以，想获取成功，我们必须对自己的行为负起责任，因为，没有任何人可以给你动力去让你成功，也没有任何人可以阻碍你走向成功。你的成功与失败只在于你的选择。

现代社会是一个个性张扬的社会，约束你的只有自己的心。同样，工作中的任何责任你都可以找个合适的理由逃避，但是你的心可以做到没有任何愧疚吗？

在遇到困难的时候，一个主动承担责任的员工会让大家十分感激，甚至就是局外人也会为对方这种正直和勇气而钦佩不已。但是我们是不是应该反过来思考一下，当自己面对责任的时候又会怎样呢？

也许逃避一次责任会让你窃喜，以为聪明本来就是属于你

的而别人是傻瓜。可是，只有当发现此后责任再也不会在你面前出现的时候你才会明白，那些承担过责任的人有了更丰富的经验，有了更好的职务，甚至老板都和他称兄道弟，他们其实并不傻。

而你自己呢？除了一般的日常工作，没有人和你深入交流，你孤单了，因为没有人觉得和你在一起有什么必要，有你和没有你有什么区别呢？关键的时候你总是玩儿失踪，或者一推了之。

也许你在遇到困难或者做错了事情时依然会逃避责任。逃避责任是行动上的事实，但是你的内心一定同意你在行动上去这样做的。也许你心里说“我要负责”，可是行动起来却两腿发软。如果是这样，首先要恭喜你，你是一个心智正常的人。你所需要的就是迈出扎实的第一步！一旦迈出这一步，你就能够成为强者。

当担负责任成为习惯时，你的身上就会焕发出无穷的人格魅力。

江浙地区一个城乡接合部正在大搞建设，工地一角突然坍塌，脚手架、钢筋、水泥、红砖无情地砸向下面正在吃午饭的民工，烟尘四起的工地顿时传来伤者痛苦的呻吟。

这一切都被路过的两辆旅游大客车上的人看在眼里。旅游车停在路口，从车里迅速下来几十名年过半百的老人，他们好像没听见领队“时间来不及了”的抱怨，马上开始有条不紊地抢救伤者。

现场没有夸张的呼喊，没有感人的誓言，只有训练有素的双手和默契的配合。没有手术刀就用瓷碗碎片打开腹腔，没有纱布就用换洗衬衣压住伤口。急救车赶来的时候，已经是50分钟以后的事情，从一个外科医生来看，这些老人们至少保住了10个民工的生命。

在机场，这名医生又遇到了这些老人们的领队，两个时尚的年轻姑娘一边激烈地讨论这么多机票改签和费用结算问题，一边抱怨这些老人管了闲事却让她们两个为难。

老人们此时已经换上了干净的衣服。他们身上很多都是去掉了肩章的制服衬衣，陆海空都有，每个人都以平静祥和的神态四下张望候机厅的设施。其中一个老人面有歉疚地对两个年轻姑娘说道：

“军医同学……不管心里多么过意不去……老头儿们这脾

气……”

一个人承担的责任越多越大，证明他的价值就越大。在公司里，只有勇于承担责任的员工才会得到老板的信任，才会得到重用。

所以，你应该为所承担的一切感到自豪。想证明自己最好的方式就是去承担责任，如果你能担当起来，那么祝贺你，因为你不仅向自己证明了自己存在的价值，你还向老板证明你能行，你很出色。

只有当一个人从心底改变了自己对承担责任的理解，认识到责任不仅是对企业的一种负责，也是对自己的一种负责，并在这种负责中感受到自身的价值和自己所获得的尊重和认同时，他才能从承担责任中获得满足。

承担责任，努力工作，对一个优秀的员工而言，感受更多的不是压力而是一种快乐和幸福；对企业老板而言，他也正是可以真正放心的员工。

试着去承担一些责任，并且为这份责任付出自己的努力吧。你会发现心情会随之明媚，智慧会随之增长，你的周围会聚集更多志同道合的同事，让你在不知不觉中成为一个优秀团队的核心。

一个人应该为自己所承担的责任感到骄傲，因为你已经向别人证明，你比别人更突出，你比他们更强。

在一个公司中，当领导不在身边却更加卖力工作的员工，将会获得更多的奖赏。如果只有在别人注意时才有好的表现，那么你永远无法达到成功的顶峰。最严格的表现标准应该是自己设定的，而不是由别人要求的。如果你对自己的期望比上司对你的期望更高，那么你就无须担心会失去工作。同样，如果你能达到自己设定的最高标准，那么升迁、晋级也将指日可待。

所以，任何员工在进入企业时，都要知道，无论他做什么事，都应该懂得为自己的行为负责，只有明白了这一点，他们才能知道，任何伟大的事业都是从小事一点一滴积累起来的。人们只有深刻地认识到这个道理，才会真正重视那些看起来无足轻重的小事，形成认真仔细的办事风格。这项美德具备与否，将对你一生的事业产生巨大的影响。

一个年轻女孩在一家房产开发公司工作，她是一名设计师，为了工作要常常往工地跑，因为她需要了解工地现场的每一个环节，还要为不同的客户修改不同的建筑风格。她的这份工作非常苦，但她仍然主动地去做，没有一句怨言。

有一次，老板安排她为一位客户做一个设计方案，时间很

紧，只有两天时间。设计需要灵感，当女孩看完现场后，立即行动起来。为此，她两天两夜没合眼，满脑子都想着如何把这个方案弄好。她一次又一次地设计，一次又一次地改动。两天后，她的眼睛布满了血丝，把设计方案交给了老板，并得到了老板的肯定。因为这件事，女孩得到了老板的升职，薪水也翻了好几倍。

老板们都知道，具备这种美德的人非常少，而要找到这种工作认真负责、尽心尽力的员工就更是难上加难。在职场上考虑问题不周密、办事不积极等司空见惯的坏习惯仍随处可见。他们多年来绞尽脑汁做的事就是挖掘那些可以胜任工作的人。他们的业务并不需要特别的技艺，只要你有责任、有朝气地工作就行。他们不断地聘请员工，却又不断地解聘员工，原因就在于有些员工粗心、懒惰、不负责任。

很多人之所以粗枝大叶，就在于他们只图享受，不思进取，根本没有将本职工作做得完美无缺的意识。人们常说，一心不能二用，只求享受的头脑是绝对不能在工作中做到完美的。工作与享受应当分开，工作时就要全身心地工作。那些工作时还念念不忘享受的人必将把工作搞砸。

有一个经过不懈努力终于获得高薪职位的女性，她上班没

几天就高谈阔论要去“快乐地旅行”，结果到月底，却因工作不力而被解职。

提前上班，别以为没人注意到，老板可是睁大眼睛在瞧着呢！如果能提前一点儿到公司，就说明你十分重视这份工作。每天提前一点儿到达，可以对一天的工作做个规划，当别人还在考虑当天该做什么时，你已经走在别人前面了！

如果不是你的工作，而你做了，这就是机会。有人曾经研究为什么当机会来临时我们无法确认，那是因为机会总是乔装成“问题”的样子。当顾客、同事或者老板交给你某个难题，也许正是为你创造了一个珍贵的机会。对于一个优秀的员工而言，公司的组织结构如何，谁该为此问题负责，谁应该具体完成这一任务，都不是最重要的，在他心目中唯一的想法就是如何将问题解决。下一次当顾客、同事和你的老板要求你提供帮助，做一些分外的事情，而不是让他人来处理时，积极地伸出援助之手吧。

有责任才有成绩

美国前总统林肯曾经这样说过："我，对全美国人，对基督世界，对历史，而且，最后对上帝负责。"林肯成就了自己的伟大人生，得到了世人的尊敬与敬仰，应该说这与他的责任感不无关系。人活在世上，不免要承担来自各方面的责任——家庭、事业、朋友、国家、事业等。

在一个风和日丽的下午，一群孩子在公园里玩游戏。他们正模拟一个军事活动。在这个部署中，有人扮演将军，有人扮演上校，也有人扮演普通的士兵。有个倒霉的小男孩抽到了士兵的角色，他要听命于所有长官，并且必须分毫不差地完成任务。

"现在，我命令你去那个堡垒旁边站岗，没有我的命令不准离开。"扮演上校的亚历山大一边指着公园里的垃圾房（在

这个游戏中，垃圾房被称为堡垒），一边神气地对小男孩说道。

“是的，长官。”小男孩快速、清脆地答道。

接着，“长官”们离开现场，小男孩来到垃圾房旁边，立正，站岗。

时间一分一秒地过去了，小男孩双腿发酸，脚底疼痛，更要命的是，天色渐渐暗下来，却还不见长官来解除任务。

现在是几点？不知道。长官去了哪里？他也不知道，因为他不能离开岗位去寻找他的伙伴。

一个路人经过，看到正在站岗的小男孩，惊奇地问道：“你一直站在这里干什么呢？你已经在这里站了两个多小时了。知道吗？下午进公园的时候我就看见你了。”

“我在站岗，没有长官的命令，我不能离开。”小男孩回答道。

“你，站岗？”路人哈哈大笑起来：“这只是游戏而已，何必当真呢？”

“不，我是一名士兵，要遵守长官的命令。”小男孩答道。

“可是，你的小伙伴们早已经回到家里，不会有人来下命令了，你还是回家吧。”路人劝道。

“不行，这是我的任务，是我该负的责任，要是没有完成的话，以后他们就不让我参加军事演习了。我不能离开。”小男孩坚定地回答。

“好吧。”路人实在是拿这位倔强的小家伙没有办法，他摇了摇头，准备离开，“希望明天早上到公园散步的时候，还能见到你，到时我一定跟你说声‘早上好’。”他开玩笑地说道。

听完这句话，小男孩开始觉得事情有些不对劲：也许小伙伴们真的回家了。于是，他向路人求助道：“其实，我很想知道我的长官现在哪里。你能不能帮我找到他们，让他们来给我解除任务？”

路人答应了。过了一会儿，他带来了一个不太好的消息：公园里没有一个小孩子。更糟糕的是，再过10分钟这里就要关门了。

小男孩开始着急了。他很想离开，但是没有得到离开的准许。难道他要在公园里一直待到天亮吗？

事情并没有想象中那么糟糕。正在这时，一位军官走了过来，他了解完情况后，脱去身上的大衣，亮出自己的军装和军衔。接着，他以上校的身份郑重地向小男孩下命令，让他结束任务，离开岗位。

军官对小男孩的执行态度十分赞赏。回到家后，他告诉自己的老伴："这个孩子长大以后一定是名出色的军人。他对工作岗位的责任意识让我震惊。"

军官的话一点没错。后来，小男孩果然成为一名赫赫有名的军队领袖——布莱德利将军。

每一个人在生活中都扮演者不同的角色，一个角色就是一块责任地，从某种意义上说，角色饰演得是否成功就取决于你对指责的履行程度。社会是一个有着千丝万缕联系的复杂系统，无论你担任何种职务，从事什么工作，你对他人都负有不可推卸的责任。正视责任，让我们在失望时决不放弃。因为我们的努力和坚持不仅仅是为了自己，还是为了别人。

刘老是一位雕刻师傅，他非常喜欢雕刻，可以说他把一生都奉献给了雕刻事业。他雕刻的作品，每一件都是优秀的。半辈子的雕刻生涯，刘师傅已经年近六十，他觉得这是该退休的

年龄了，于是他告诉老板，自己准备回家，去安度晚年，享受天伦之乐。老板想将这位素以认真负责著称的雕刻师傅再留一段时间，并许诺支付双倍的工资，刘老还是拒绝了。最后老板请求刘老再雕刻一件作品，刘老勉强答应了，于是老板把最好的一块木头给了刘老，让他雕刻。

刘老开始雕刻他最后一件作品的时候，大家都有所发现，虽然和以前是一样的刻刀，一样的环境，但刘老的心思已经不在这里，他雕刻的这件作品虽然很好，但和以前所雕刻的那些相比，仍然有一些距离。一段时间后，刘老雕刻的作品已经完成，于是向老板辞行。在他走的时候老板把那件作品送给他，并说道："老伙计，我知道你很喜欢雕刻，这是我这里最好的一块木料所雕刻的物件了，也是你最后雕刻的一件作品，是我送给你的一份礼物，希望你未来的日子里，身体越来越好，生活也越来越快乐。"

刘老双手接过那件作品，半天说不出一句话，接着泪流满面，羞愧得满脸通红，最后刘老放声大哭起来。刘老为自己最后的败笔而痛苦不已！

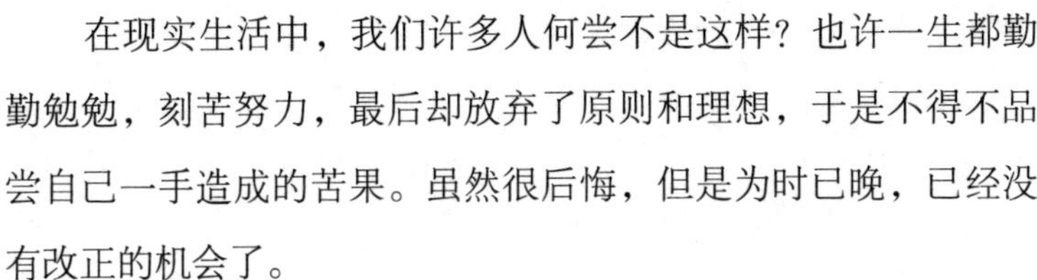

在现实生活中，我们许多人何尝不是这样？也许一生都勤勤勉勉，刻苦努力，最后却放弃了原则和理想，于是不得不品尝自己一手造成的苦果。虽然很后悔，但是为时已晚，已经没有改正的机会了。

同样一个人，同样的一件事，为什么前后会有如此大的差距呢？这说明的不是因为刘老技艺减退，而是因为他失去了责任感。

对我们而言，无论做什么事情，都要记住自己的责任，无论在什么样的工作岗位上，都要对自己的工作负责。

成功从负责开始

在工作中承担责任，把它当成一种习惯去培养并坚持下来，一旦出现问题，就敢于担当，并设法改善。如果遇到问题只是找借口来推掉并置之度外，那么，最终的结果只会伤害公司和客户的利益，同时，也会伤害到自己。

每个老板都很清楚自己最需要什么样的员工，哪怕你是一名做着最不起眼工作的普通员工，只要你担当起了你的责任，你就是老板最需要的员工。

经常有人说，“公民应该为国家承担责任”“公民应该为社会承担责任”“男人应该为家庭承担责任”，但很少有人说“员工应该为公司承担责任”，因为这种人没有责任感，觉得只有老板才应该为公司承担责任。

社会学家戴维斯说：“自己放弃了对社会的责任，就意

味着放弃了自身在这个社会中更好生存的机会。”同样，如果一个员工放弃了对公司的责任，也就放弃了在公司中获得更好发展的机会。在这个世界上，每个人都扮演了不同的角色，每一种角色又都承担了不同的责任，从某种程度上说，对角色的饰演就是对责任的完成。坚守责任就是坚守我们自己最根本的人生义务。作为企业的一名员工，在公司里面也扮演了一个角色，理所当然要去承担责任。

承担责任不分大小，只论需要。无论是大的责任还是小的责任，你都应该承担。一丁点儿的不负责，就可能使一个百万富翁很快倾家荡产；而一丁点儿的负责任，却可能为一个公司挽回数以千计的损失。

一个主管过磅称重的小职员，由于怀疑计量工具的准确性，自己动手修正了它。结果由于精确度提高了，公司就在这个方面减少了许多损失。其实修理计量工具并不是这个小职员的职责，他完全可以睁只眼闭只眼，因为这本属于机械师的责任，而且无论这个秤准不准都不会对他的工资造成影响。但是这位小职员并没有因此就不闻不管，听之任之，本着为公司负责的态度，他积极地纠正了这一偏差。正是由于这个小职员的这种责任心，为公司节省了巨大的费用。

1995年，在湖南远大公司，一台运料汽车在厂区里面漏了油，吃中餐的时候，几百名员工路过那里都看见了一大滩油迹。董事长张跃看到后火冒三丈，下令以这件事情作为公司的典型教材，召开全体管理人员会议来谈这个问题。张跃认为这件事是管理人员的极大失职，他认为，如果哪一天发现在远大的路面上有一摊油，或者有一摊泥土没有人去打扫，而又恰巧被正在上下班的几百名员工看见了，这将比远大一台机器发生重大质量事故还要严重！因为这会给员工留下一种公司对质量要求不严的印象，就会在工作中造成懈怠，就可能会造成难以弥补的损失！为此，全公司认真地做了反省。

只有那些承担责任的人，才有可能被赋予更多的使命，才有资格获得更大的荣誉。一个缺乏责任感的人，首先失去的是社会对自己的基本的认可，其次失去的是别人对自己的信任与尊重。人可以不伟大，可以清贫，但不可以没有责任。要想成为一名优秀的员工，更应该去像老板那样承担责任。

对我们而言，无论做什么事情，都要记住自己的责任，无论在什么样的工作岗位上，都要对自己的工作负责。

中国古代思想家荀子说：“对于一般百姓，你只剥削他，

而没有给予利益；只想百姓效忠你，而你从不关怀他们；只强迫大家为你做事，你不曾为百姓做实事。这样治理国家，结果只有一个可能，就是灭亡。”

可见，治国要以人为本，治理企业也是以人为本。

李嘉诚说：“最重要的是要了解你的下属希望的是什么。第一，除了生活，他们一定要前途好；第二，除了前途好之外，到将来他们年纪大的时候，有什么保障，有很多方面要顾及到。”

我们常常认为只要准时上班、按时下班、不迟到、不早退就是敬业了，就可以心安理得地去领工资了。其实，敬业所需要的工作态度是非常严格的。一个人不论从事何种职业，都应该心中常存责任感，敬重自己的工作，在工作中表现出忠于职守、尽心尽责的精神，这才是真正的敬业。

李嘉诚曾说：“可以毫不夸张地说，一个大企业就像一个大家庭，每一个员工都是家庭的一分子。就凭他们对整个家庭的巨大贡献，他们也实在应该取其所得，反过来说，就是员工养活了整个公司，公司应该多谢他们才对。”

有这样一份招聘教师的广告：“工作很轻松，但要全心全意，尽职尽责。”事实上，不仅教师如此，所有工作的员工，无论

你处在什么样的位置都要对你的工作全心全意、尽职尽责。

任何一个人都应该尽心尽责，尽自己的最大努力，求得不断的进步。这不仅是工作的原则，也是人生的原则。如果没有了职责和理想，生命就会变得毫无意义。无论你身居何处，如果能全身心地投入工作，最后都会获得一定的成就。

知道如何做好一件事，比知道很多事情却都只懂一点儿皮毛要强得多。有这样一位校长，在每次高年级学生的毕业典礼上，他都会给这些学生说这样一段话："比其它事情更重要的是，你们需要知道怎样将一件事情做好，与其他有能力做这件事的人相比，如果你能做得更好，你就永远不会失业。"另一个成功的企业家也说过这样的话："如果你能真正制作好一枚别针，应该比你制造出粗陋的蒸汽机赚到的钱更多。"

上面的两句话，其实就是告诉我们，无论从事什么职业，都应该精通它。任何一个人都应该下定决心掌握自己职业领域的所有问题，使自己变得比他人更精通。如果你是工作方面的行家里手，精通自己的全部业务，就能赢得良好的声誉，也就拥有了一种潜在成功的秘密武器。

责任保证绩效

“责任保证一切”，责任保证了信誉，保证了服务、保证了敬业、保证了创造……正是这一切，保证了企业的竞争力。

能够为别人担当什么责任，一般来讲，多是比别人更有承受力或者更具突出的能力。如果和别人一样，就不会由你来承担什么了。所以，一个人应该为自己所承担的责任感到骄傲，因为你已经向别人证明，你比别人更突出，你比他们更强，你更值得信赖。

一个人承担的责任越多越大，证明他的价值就越大。所以，应该为你所承担的一切感到自豪。想证明自己最好的方式就是去承担责任，如果你能担当起来，那么祝贺你，因为你不仅向自己证明了自己存在的价值，你还向社会证明你能行，你很出色。

如果你是一名企业的领导，就这样告诉你的员工，你为他们承担的责任感到骄傲，你也愿意为他们承担责任。无论是现在还是将来，你都会一如既往地做下去。

如果你是一名员工，就这样告诉你的领导，你很高兴能够为企业承担责任，这会让你觉得对于企业而言，自己并不是可有可无。相信你，你从没有懈怠过自己的责任。

无论是我们的老板还是我们的员工，大家都在承担着自己的责任。而且无论是谁在承担责任时都不是轻松的。因为不轻松，所以能够担当责任的人才值得尊敬。

在一个团队里，没有什么比相互信任更重要的，信任是担当责任、保持忠诚的前提。一个不值得信任的领导者，还指望成员对他忠诚、负责任吗？同样，不值得信任的成员，领导者敢对你委以重任么？

在一个企业里，领导有领导的责任，员工有员工的责任。做好自己该做的，在自己的轨道里运行得最好，就是负责任的最好方式。责任有三个方向，对上的责任，对下的责任，对左右的责任。

对领导而言，责任的方向是对下的，领导要随时表现出对于员工的责任以及自己对于企业的责任。比如，他愿意和员工

沟通，能够很好地倾听员工的意见，对员工的生活和福利给予很大的关心，也很关注员工对企业发展的建议。因为沟通和倾听是拉近领导者和员工之间距离的有效方式，员工会认为领导者很重视他们，这会让员工感觉到自己在企业里不是一个可有可无的“小兵”，自己也是不可或缺的，自己也在为企业做出贡献。关心员工的生活，会让员工有很强的归属感，激发员工的工作热情和积极性。领导者对企业负责任，不为自己牟取私利，这会增强员工对企业的信心和希望，他们愿意相信一个为企业的生存和发展努力的领导者是值得信任的，也值得他们忠诚。

这样，领导才能得到员工的信任和支持。“我要员工明白，我值得他们信任，因为我能够承担起我对他们乃至整个企业的责任。”

对员工而言，责任的方向是对上的，员工要时时表现出对于领导的责任，员工必须对领导者负责，这是规则。领导者为企业的发展制定的决策需要员工来具体执行，执行得好与差不仅仅关系到决策的成败而且关系到整个企业的兴衰。员工如果缺乏这种责任感，结果就是领导者为企业承担更大的责任。所以员工必须负起责任，毋庸置疑，自己是企业中的一员，应该和企业同呼吸，共命运。

企业里的每一个员工都对其他的员工负有责任，这就像互相咬合的齿轮，大家必须紧紧地连在一起，才能共同发挥作用。因为成功的组织必须对自己负责，也需要彼此负责，这才能达到事先约定的成果。

企业就是一个协作体，只有以高度的责任感相互协作，整个企业才能迅速稳健地向前发展。

对任何一个方向的责任没有承担起来，企业的发展就会受到严重的阻碍，企业的整体责任属于企业中的每一个成员，无论你的职位高低。

企业中的每一个成员必须做好自己该做的，但这并不意味着“各自为政”，明确责任的方向就是想告诉企业的每一位成员，整个企业的发展，需要所有成员的共同协作，只有这样才能保证企业的整体利益。

很多企业都在寻找各种方式和方法用以提高工作的绩效。不过很多企业发现，无论是优秀的管理模式还是先进的管理经验，一应用到自己的公司就“不灵”了，工作绩效并没有明显的提高。

这是为什么呢？

无论是优秀的管理模式还是先进的管理经验，归根结底需

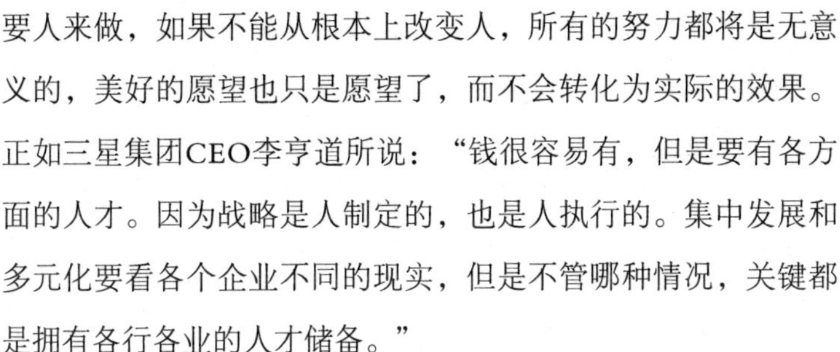

要人来做，如果不能从根本上改变人，所有的努力都将是无意义的，美好的愿望也只是愿望了，而不会转化为实际的效果。正如三星集团CEO李亨道所说：“钱很容易有，但是要有各方面的人才。因为战略是人制定的，也是人执行的。集中发展和多元化要看各个企业不同的现实，但是不管哪种情况，关键都是拥有各行各业的人才储备。”

如果一个团队里的成员缺乏责任意识，就不会对有助于团队发展的一些改变有足够的兴趣和热情，即使领导者认为，努力就会有结果。所有计划不能得到根本的执行，自然不会收到很好的效果。

责任与绩效之间的关系应该是正比例的关系。当一方面提高时，另一方也随之提高；反之，当一方面下降时，另一方也随之下降。所以，要提高工作绩效，首先要确保员工的责任感。“责任保证绩效。”著名管理大师德鲁克说。很多的企业管理者也都从这句话里悟出了提高绩效的根本所在。

对于员工而言，责任意味着他在自己的工作范围之内要把该做得都做好。明确责任，这是提高工作绩效的前提。

一个企业一定要有明确的责任体系。权责不明不仅会出现责任真空，而且还容易导致各部门之间或者员工之间互相推诿

责任，把自己系于责任之外，这样做的结果使整个公司的利益受到损害。明确的责任体系，让每一个人都清楚自己做什么，应该怎么做。

“当一群人为了达到某个目标而组织在一起时，这个团队立即产生唇齿相依的关系。”目标是否能实现，是否能达到预期的工作绩效，取决于团队中的成员是否都能对自己负责，彼此负责，最终对整个团队负责。明确责任体系就是保证成员能够成功地完成这一任务。

此外，明确的责任体系还可以使团队中的成员能够依据这个责任体系建立权责明确的工作关系，这样团队中的成员对自己的任务就是责无旁贷的，而且有助于成员之间能彼此信守工作承诺，最终确保任务的完成。

对于一个团队而言，不仅要有明确的责任体系，还应该建立以“责任”为核心的企业精神，使“责任”这两个字成为团队精神的核心。我们经常会听到“责任”这两个字。很多企业的领导者认为，这是人人都烂熟于心的概念，谁不知道自己应该承担责任呢？然而事实上，这两个字只是烂熟于耳，真正往心里去，并且能够做到的又有几个人呢？对于很多企业来说，责任精神亟待重建。

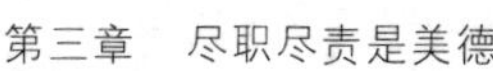

责任是成果，责任是创新，责任即效率，责任即生存，责任是企业的立命之本。

第四章 没有任何借口

没有任何借口

“没有任何借口”是美国著名的西点军校奉行的最重要的行为准则，它强化的是每一位学员想尽办法去完成任何一项任务，而不是为没有完成任务去寻找任何借口，哪怕看似合理的借口，其目的是为了让学员学会适应压力，培养他们不达目的不罢休的毅力。

“没有任何借口”看起来似乎很绝对、很不公平，但是人生并不是永远公平的。无论遭遇什么样的环境，都必须学会对自己的一切行为负责！学员在校时只是年轻的军校学生，但是日后肩负的却是自己和其他人的生死存亡乃至整个国家的安全。在生死关头，你还能到哪里去找借口？哪怕最后找到了失败的借口又能如何？“没有任何借口”的训练，会让人养成毫不畏惧的决心、坚强的毅力、完美的执行力以及在限定时间内

把握每一分每一秒去完成任何一项任务的信心和信念。

对企业员工而言，遇事不找借口应该成为所有优秀员工的最重要的行为准则，它强调的是每一位员工想尽办法去完成每一项任务，而不是为没有完成任务去寻找各种借品，哪怕这种借口看似再合理、再美丽也无济于事。

优秀员工从不会在工作中寻找任何借口，他们总是把每一项工作尽力做到超出领导的预期，最大限度地满足领导所提出的要求，也就是“满意加惊喜”地完成每一项工作，而不是寻找各种借口来为自己开脱。

但在现实工作中，很多人在完不成领导交给自己的工作时，通常都会用“我之所以没能完成此次任务，是因为……”“我已经很努力了，没做好不怪我，而是……”“这事太难了，没人能做好”“遇到这么一个大难题，我真的是一点办法也没有”诸如此类的话来为自己开脱。这样的人很难有什么大作为，永远也不可能得到领导的赏识与重用。

夸大工作难度，是很多不求上进者的惯常做法，因为这样一来，他们好像就已经为自己找到了做不好事情的最好借口。但是，他们不明白，这样的做法只会浇灭他们的创造之花，只会阻碍他们前进的脚步。

战场上不需要借口，企业中不需要借口，人生的路上也不需要借口，任何的借口都只是自欺欺人而已。工作无借口，失败无借口，成功只属于那些勇往直前、不找任何借口的人！

一位长期在公司底层挣扎、时刻面临着失业危险的中年人来到阿尔伯特·哈伯特的办公室，他讲话时神情激昂，抱怨公司老板不愿意给自己机会。

“那你为什么不自己去争取呢？”阿尔伯特·哈伯特问他。

“我曾经也争取过，但是我不认为那是一种机会。”他依然义愤填膺。

“能告诉我那是什么吗？”

“前些日子，公司派我去海外营业部，但是我觉得像我这样年纪的人，怎么能经受如此折腾呢。”

“为什么你会认为这是一种折腾，而不是一种机会呢？”

“难道你看不出来吗？公司本部有那么多职位，却让我去如此遥远的地方。我有心脏病，这一点公司所有的人都知道。”

阿尔伯特·哈伯特无法确认是否公司所有的人都知道这位先生有心脏病，如果有的话，真希望他肝火不要那么旺。阿尔伯特·哈伯特更倾向于认为他犯了一种最严重的职业病——推

诿病。

与之截然相反的是体育界的成功者罗杰·布莱克。他的杰出并不在于他非凡的令人瞩目的竞技成绩——他曾经获得奥林匹克运动会400米银牌和世界锦标赛400米接力赛金牌，而更让人心生触动的是，所有的成绩都是在他患有心脏病的情况下取得的。

除了家人、亲密的朋友和医生等仅有的几个人知道其病情外，他没有向外界公布任何消息。带着心脏病从事这种大运动量的竞技项目，不仅很难有出色的发挥，而且有可能危及生命安全。第一次获得银牌后，他对自己依然不满意。如果他告诉人们自己真实的身体状况，即使在运动生涯中半途而废，也会获得人们的理解的，但是罗杰却说："我不想小题大做。即使我失败了，也不想将疾病当成自己的借口。"作为世界级的运动员，这种精神一直存在于他的整个职业生涯中。

成功的人是不找借口的！因为他们懂得找借口只会让自己与成功无缘。

杜绝找借口的恶习

乔治·华盛顿·卡佛说："99%的人之所以做事失败，是因为他们有找借口的恶习。"

找借口的代价非常大，因你不正视事实，只是千方百计地想着如何推脱责任。一个令我们心安理得的借口，往往使我们失去改正错误的机会，更使我们失去进步的动力。世界上喜欢找借口的人很多，他们自欺欺人、善于为自己的错误寻找借口，结果搬起石头砸了自己的脚，受伤害的总是自己。

其实，如果能够丢掉借口，正视事实，集中精力去做好手边的事，结果往往就会大不相同。

一次，美国著名教育家、已故的杰出人际关系专家戴尔·卡耐基先生的夫人桃乐西·卡耐基训练学生记人名的一节课后，班上有一位学员在其他的学员走了以后来找她。这位女

学员对她说：“卡耐基太太，我希望你不要指望能改进我对人名的记忆力，这是绝对办不到的事情。”

“为什么？”卡耐基夫人吃惊地问她。

“这是遗传的，”她回答，“我们全家人记忆力都不好，我父母遗传给我的。因此，你要知道，我这方面不可能有什么进步。”

“某某小姐，”卡耐基夫人说，“你的问题不是遗传，是懒。你觉得责怪你的家人比用心改进自己的记忆力要来得容易。坐下来，我证明给你看。”

接下去的几分钟，卡耐基夫人专门耐心地训练这位小姐做几个简单的记忆练习，由于她专心练习，效果很好。卡耐基夫人改变了那位认为无法将脑筋训练得比前辈好的想法，终于学会了改进自己的记忆力，而不是找借口。

千万别找借口！在现实生活中，我们缺少的正是那种想尽办法去完成任务，而不是去寻找任何借口的人。在他们身上，体现出一种服从、诚实的态度，一种负责、敬业的精神，一种完美的执行能力。

在工作中，我们经常能够听到的是各种各样的借口：

“那个客户太挑剔了，我无法满足他。”

“我可以早到的，如果不是下雨。”

“我没有在规定的时间里把事做完，是因为……”

“我没学过。”

“我没有足够的时间。”

“现在是休息时间，半小时后你再来电话。”

“我没有那么多精力。”

“我没办法这么做。”

……

其实，在每一个借口的背后，都隐藏着丰富的潜台词，只是我们不好意思说出来，甚至我们根本就不愿说出来。借口让我们暂时逃避了困难和责任，获得了些许心理的慰藉。但是，借口的代价却无比高昂，它给我们带来的危害一点儿也不比其他任何恶习少。

归纳起来，我们经常听到的借口主要有以下五种表现形式：

（1）他们作决定时根本就没有征求过我的意见，所以这个不应当是我的责任。许多借口总是把“不”“不是”“没有”与“我”紧密联系在一起，其潜台词就是“这事与我无关”，不愿承担责任，把本应自己承担的责任推卸给别人。一

个团队中，是不应该有“我”与“别人”的区别的。一个没有责任感的员工，不可能获得同事的信任和支持，也不可能获得上司的信赖和尊重。如果人人都寻找借口，无形中会提高沟通成本，削弱团队协调作战的能力。

（2）这几个星期我很忙，我尽快做。找借口的一个直接后果就是容易让人养成拖延的坏习惯。如果细心观察，我们很容易就会发现在每个公司里都存在着这样的员工：他们每天看起来忙忙碌碌，似乎尽职尽责了，但是，他们把本应一个小时完成的工作变得需要半天的时间甚至更多。因为工作对于他们而言，只是一个接一个的任务，他们寻找各种各样的借口，拖延逃避。这样的员工会让每一个管理者头痛不已。

（3）我们以前从没那么做过或这不是我们这里的做事方式。寻找借口的人都是因循守旧的人，他们缺乏创新精神和自动自发工作的能力，因此，期许他们在工作中做出创造性的成绩是徒劳的。借口会让他们躺在以前的经验、规则和思维惯性上舒服地睡大觉。

（4）我从没受过适当的培训来干这项工作。这其实是为自己的能力或经验不足而造成的失误寻找借口，这样做显然是非常不明智的。借口只能让人逃避一时，却不可能让人如意一

世。没有谁天生就能力非凡，正确的态度是正视现实，以一种积极的心态去努力学习、不断进取。

（5）我们从没想过赶上竞争对手，在许多方面人家都超出我们一大截。当人们为不思进取寻找借口时，往往会这样表白。借口给人带来的严重危害是让人消极颓废，如果养成了寻找借口的习惯，当遇到困难和挫折时，不是积极地去想办法克服，而是去找各种各样的借口。其潜台词就是“我不行”“我不可能”，这种消极心态剥夺了一个人成功的机会，最终让人一事无成。

“没有任何借口”不是冷酷无情的指令，而是一名优秀员工在其职业生涯中必须秉承的理念。

“没有任何借口”，相信你会做得更好。

对企业的员工而言，敬业、服从、协作等精神永远都比任何东西重要。但这些品质不是员工与生俱来的，不会有谁是天生就善于服从的好员工。所以，给他们进行培训和灌输显得尤为重要，就像西点军校只要求学员回答是或不是一样，目的是要让所有的人都明白：“服从只有一种，这就是没有任何借口。”

麦克原来是一名普通的保险推销员，后来受聘于一家大型汽车公司。工作几个月后，他想得到一个提升的机会，于是直

接写信向老板约翰逊先生毛遂自荐。老板给他的答复是："任命负责监督新厂机器的安装工作，但不加薪水。"

麦克没有受过任何工程方面的培训，也看不懂图纸，他觉得是老板在故意刁难他，想放弃这次机会。但是，他最终并没有以不会看图纸为借口，而是充分发挥了自己的领导才能，组织技术工人进行安装，并且提前一个星期完成工程。后来，他不仅获得了提升，薪水也比原来涨了10倍。

"我知道你看不懂图纸"，老板后来对他说，"如果你随便找一个理由失掉这项工作，我可能会让你走人。我最欣赏你这种不找任何借口的人。"优秀的员工是不会为自己寻找任何借口的，他们都能出色地完成上级指派的任务。没有任何借口的员工，在他们身上所体现的是一种服从、诚实的态度，一种不达目的不罢休的执行力。

优秀的员工从不在工作中寻找任何借口，他们总是把每一项工作尽力做到超出客户的预期，最大限度地满足客户提出的要求，而不是寻找各种借口推诿；他们总是出色地完成上级安排的任务，替上级解决问题；他们总是尽全力配合同事的工作，对同事提出的帮助要求，从不找任何借口推托或延迟。

是的，千万别找借口！美国成功学家格兰特纳说过这样一段话："如果你有自己系鞋带的能力，你就有上天摘星的机会！让我们改变对借口的态度，把寻找借口的时间和精力用到努力工作中来。因为工作中没有借口，人生中没有借口，失败没有借口，成功也不属于那些寻找借口的人！"

借口是失败的温床

人生和工作是没有任何借口的，失败也是没有任何借口的。在现代公司里，缺少的正是那种想尽办法完成任务，而不是时时刻刻寻找借口的员工。

不要让借口成为你成功路上的绊脚石，搬开那块讨厌的石头，把寻找借口的时间和精力用到努力工作中来，因为工作中没有借口，人生中没有借口，失败没有借口，成功也不属于那些寻找借口的人!

通常而言，借口会让人失去信心，会让人处于一种疲软的工作状态之中。愿不愿意向借口宣战，将是决定你能否胜出的第一标志。

在日常工作中，我们每个人应该去做的就是要充分地发挥自己的最大主观能动性，努力地工作以获得成功，而不是浪

费时间去为失败寻找借口以博取别人的同情和理解。因为公司安排我们某个职位，是为了解决工作中的问题，为公司谋求利益，而不是来听你对困难连篇累牍地分析。

借口是失败的温床，而习惯性的拖延者通常是制造借口与托辞的专家。他们经常会为没有做成某些事而去想方设法寻找借口，或想出各种各样的理由为任务未能按计划完成而辩解。“这项工作太困难了”“我不是故意的”“我太忙了，忘了还有这样一件事”“老板规定的完成期限太紧”“本来不会是这样的，都怪……”。

可以说找借口是世界上最容易办到的事情之一，只要你存心拖延逃避，你总能找出足够多的理由。因为把“事情太困难、太复杂、太花时间”等种种理由合理化，要比相信“只要我们更努力、更聪明、信心更强，就能完成任何事情”，进而通过努力去获得成功要容易得多。

找借口是一种不好的习惯。在遇到问题后不是积极主动地去想方法加以解决，而是千方百计地寻找借口，你的工作就会变得越来越拖沓，更不用说什么高效率。借口变成了一块挡箭牌，一旦什么事情办砸了，就总能找出一些看似合理的借口来安慰自己，同时也以此去换得他人的理解和原谅。找到借口只

是为了把自己的失败或过失掩盖掉，暂时人为制造一个安全的角落。但长期这样下去，借口就会变成一种习惯，就会成为失败的温床，人就会疏于努力，不再想方设法争取成功了。

现实工作中不知有多少人把自己宝贵的时间和精力放在了如何寻找一个合适的借口上，而忘记了自己应尽的职责！可以这么说喜欢为自己的失败找借口的员工肯定是不努力工作的员工，至少，他没有端正他的工作态度。他们找出种种借口来掩饰失败，欺骗公司，他们不是一个诚实的人，也不是一个负责任的人。这样的人，在公司中不可能是非常称职的好员工，也绝不可能是公司可以信任的好员工。无数人就是因为养成了轻视工作、马虎拖延、惯于找借口的习惯，终致一生处于社会或公司的底层，不能出人头地，获得成功。

借口是对惰性的纵容。每当要准备工作时，或要作出抉择时，总要找出一些适当的借口来安慰自己，总想让自己轻松些、舒服些。也许很多人都有这样的经历：每当清晨闹钟将你从睡梦中惊醒后，心里想着该起床上班了，但同时却又感受着被窝的温暖，所以常常会一边不断地对自己说该起床了，同时一边又会不断地给自己寻找借口："没关系，今天不急，再躺一会儿。"于是又躺了5分钟，10分钟……

对付惰性最好的办法就是根本不让惰性出现，如果惰性一旦浮现，即使是摆出与惰性开战的架势也常常会于事无补。因此特别在事情开端的时候，一定要有积极的想法在先，否则当头脑中冒出“我是不是可以再等会儿……”这样的问题时，惰性就出现了，“战争”也就开始了。然而一旦开战，结果就很难说了。所以，要在积极的想法一出现就马上行动，让惰性没有乘虚而入的任何机会。

所以在工作中，千万不要找借口，不要把过多的时间和精力花费在寻找借口上。失败也罢，做错了也罢，再美妙的借口对事情的改变没有任何作用！还不如再仔细去想一想，想想下一步究竟该怎样去做。在实际的工作中，我们每一个人都应当贯彻这种“没有任何借口”的思想。工作中，只要多花时间去寻找解决方案，反复试验，调整平和的心态，多做实事，相信总可以找到解决的方法。让我们拒绝借口，勇于承担责任，勤勤恳恳地干好每一件事情吧。

工作无借口

“工作无借口”，是每一位优秀员工的重要准则。“把信送给加西亚”的罗文上尉就是这样一个典范。

安德鲁·罗文，弗吉尼亚人，1881年毕业于西点军校。作为一个军人，他与陆军情报局一道完成了一项重要的军事任务——将信送给加西亚，被授予杰出军人勋章。

当美西战争爆发后，美国必须立即跟西班牙的反抗军首领加西亚取得联系。加西亚在古巴丛林的山里——没有人知道确切的地点，所以无法带信给他。然而，美国总统必须尽快地获得他的合作。

怎么办呢？

有人对总统说：“有一个名叫罗文的人，有办法找到加西亚，也只有他才找得到。”

他们把罗文找来，交给他一封写给加西亚的信。关于那个名叫罗文的人，如何拿了信，把它装进一个油纸袋里，封好，吊在胸口，三个星期之后，徒步走过一个危机四伏的国家，把那封信交给加西亚——这些细节都不是我想说明的，我要强调的重点是：美国总统把一封写给加西亚的信交给罗文，而罗文接过信之后，并没有问："他在什么地方？"也没有抱怨这个几乎是不可能完成的任务，而是接受了命令并且尽一切努力去完成它。

罗文的事迹通过《致加西亚的信》—— 一本小册子传遍了全世界，并成为敬业、服从、勤奋的象征。

"工作无借口"这一原则看似很不公平，有时甚至是不通情理，但只是想让员工明白一个道理：人生的公平是以全力以赴为前提的，无论当你处身怎样的环境中，都只有凭借自己毫不畏惧的决心和坚韧不拔的意志，在有限的时间内完美地完成任务。

在战场上，任何时候都是生死关头，没有时间找借口，就是找到借口可能已经失去生命了，战场上不需要借口，工作中不需要借口，人生道路上也不需要借口。

现实生活中，我们总是经常能听到各种各样的借口，为自己的种种不尽如人意的行为做解释。没有完成任务，我们会抱怨是任务太难，自己已经尽力；上班迟到，我们就会归咎于路上堵车；考试不及格，我们可能会说是出题太偏……类似的借口总是无处不在。

我们总是寻找着似乎更具有说服力的借口，却很少想尽办法去完成任务。工作中，我们缺少的是通过各种途径努力完成任务的精神，企业缺少的是从不在工作中寻找任何借口的优秀员工。

试想，如果你是企业的老板，你是否愿意接受这种种的借口呢？你是喜欢一个总是在为自己寻找借口的员工还是偏爱不找任何借口、实实在在做事的员工呢？答案是显而易见的。或许的确面临困难，并且这个困难是客观存在并不以我们的意志为转移的，但是我们却可以通过自身的努力来克服它。我们并不能等所有的外部条件都完善了再开始着手做事，我们能做的唯有立刻行动，不找任何借口。

优秀的员工从不在工作中寻找借口！因为他们知道，寻找借口的恶习一旦养成，失败也就接踵而来。借口为你带来的不是成功，而是一种消极的心态，在工作或任务没有完成之前就已经想到了推脱的借口，自然也就不会尽力去完成目标。

千万不要寻找借口，也许它能为你带来一时的安逸，些许的慰藉，但是却让你付出更昂贵的代价。

战场上不需要借口，企业中不需要借口，人生的路上也不需要借口，任何的借口都是自欺欺人而已。工作无借口，失败无借口，胜利只属于那些勇往直前，没有任何借口的人。

西点军校对学员这种精神的培养，得到了外界的认同和赞扬。一位名校的研究学者曾指出，他所接触的西点毕业生在跟随自己继续研究深造时，给他留下了非常深刻的印象。他这样说道："就态度而言，西点毕业的学员堪称完美。只要我给他们布置一项作业，他们就不会埋怨或是找任何借口，而是选择立即动手埋头苦干，全力以赴地去完成任务。"

西点军校毕业生亚历山大·黑格将军曾经叱咤美国政坛，被肯尼迪、尼克松、基辛格视为首席幕僚。这几位总统为何如此青睐黑格将军呢？有人将原因总结为这样几点：夜以继日地艰苦工作，卓越的参谋才能以及与上司亲密无间的合作。难能可贵的是，黑格将军的政敌也给予了他极高的评价："黑格一天工作时间长达14个小时，一星期7天他总是保持高昂的斗志，从来不会为自己的工作去找任何无用的借口。"

一个被下属的借口搞得不胜其烦的经理在办公室里贴上了这

样的标语："这里是'无借口区'。"他宣布，9月是"无借口月"，并告诉所有人："在本月，我们只解决问题，不找借口。"

这时，一个顾客打来电话抱怨该送到的货迟到了，经理说："的确如此，下次再也不会发生了。"

随后他安抚顾客，并承诺补偿。挂断电话后，他说自己本来准备向顾客解释迟到的原因，但想到9月是"无借口月"，就没有找理由。

后来这个顾客向公司总裁写了一封信，评价了在解决问题时他得到了出色服务。

顾客说，没有听到千篇一律的辩解令他感到意外和新鲜，他赞赏公司的"无借口"运动是一个很有意义的运动。

"拒绝借口"强调的是每个人尽自己努力去完成任何一项任务，而不是为没有完成任务寻找借口，哪怕是看似合理的借口。其目的是为了让人们学会适应压力，培养不达目的不罢休的毅力。它让每一个人懂得工作中是没有任何借口的，人生也没有任何借口。

不找借口，行动起来，把自己的事情做完做好做到位。

无论对于个人还是公司，借口都是非常可怕的，它深深

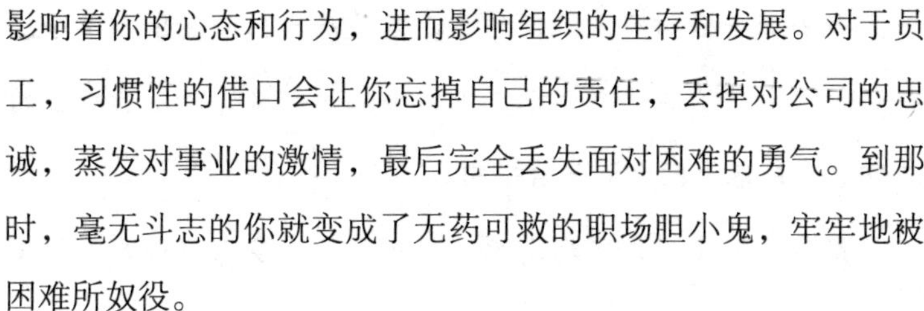

影响着你的心态和行为，进而影响组织的生存和发展。对于员工，习惯性的借口会让你忘掉自己的责任，丢掉对公司的忠诚，蒸发对事业的激情，最后完全丢失面对困难的勇气。到那时，毫无斗志的你就变成了无药可救的职场胆小鬼，牢牢地被困难所奴役。

糊弄工作的人是制造借口的专家，他们总能以种种借口来为自己开脱，只要能找借口，他们就会毫不犹豫地去找。这种“找借口”的行为并不像它看上去那样简单，它并不仅仅作用于当下，而且会影响到你的一生。当寻求借口成为习惯，你就会十分热衷于此，第一件事都可以找到看似合理的借口去推托，日积月累，你也许就成了落后者和躲避者，在职场上和人生中都没有可预期的光明未来了。

罗斯是一家公司里的一位老员工了，以前专门负责跑业务，深得上司的器重。只是有一次，在他手里，公司的一笔业务让别人捷足先登抢走了，造成了一定的损失。事后，他很合情合理地解释了失去这笔业务的原因，说是因为他的腿伤发作，比竞争对手迟到了半个钟头。以后，每当公司要他出去联系有点棘手的业务时，他总是以他的脚不行、不能胜任这项工作作为借口而推诿。

罗斯的一只脚有点轻微的跛，那是一次出差途中出了车祸引起的，留下了后遗症，根本不影响他的形象，也不影响他的工作。如果不仔细看，是看不出来的。

第一次，上司比较理解他，原谅了他。罗斯好得意，他知道这是一宗费力不讨好比较难办的业务，他庆幸自己的明智，如果没办好，那多丢面子啊。

但如果有比较好揽的业务时，他又跑到上司面前，说脚不行，要求在业务方面有所照顾。如此种种，他把大部分的时间和精力都花在如何寻找更合理的借口上，碰到难办的业务能推的就推，好办的差事能争就争，就易避难，趋近避远。时间一长，他的业务成绩直线下滑，没有完成任务，他就怪他的腿不争气。总之，他现在已习惯因腿的问题在公司迟到、早退。

这样时时刻刻为自己找借口的人，会有什么样的发展呢？最终等待罗斯的只有被炒鱿鱼。

现在的老板都是很精明的，有谁愿意要这样一个时时刻刻都在找借口的员工呢？罗斯被炒也是在情理之中的事。善于找借口的员工往往就像罗斯一样，因为糊弄自己的工作而“糊弄”了自己的前程。

找借口的实质是推卸责任

借口的实质是推卸责任。在责任与借口之间，你的选择往往就代表了你的工作态度。选择了借口其实就是一种不负责任的表现。而一旦你曾经因为借口而被免于惩罚之后，久而久之你就会养成习惯，习惯于寻找借口来为自己的过失开脱，习惯于努力寻找借口而非尽一切努力达成目标，并且最终推卸掉自己本应承担的责任。

在企业中，每个人都有其特定的职责范围，你的职责是别人所无法代替的。如果你总是为自己寻找借口推脱，那么你的责任范围势必就有人取代，而你一旦被取代就将成为可有可无的人，那你离失去这份工作也就不远了。

企业需要不利用借口推卸责任的员工，老板偏爱努力实

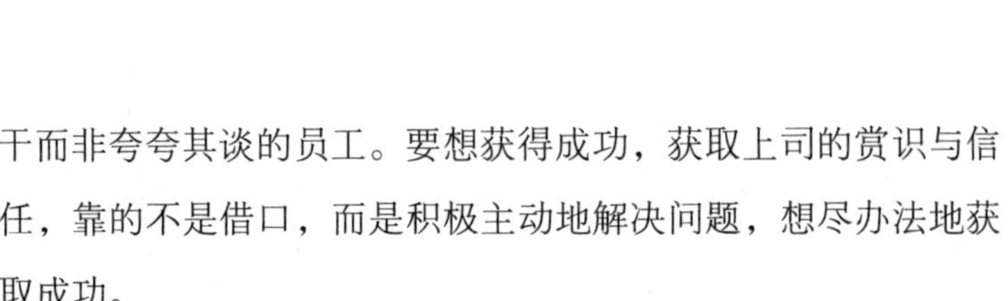

干而非夸夸其谈的员工。要想获得成功，获取上司的赏识与信任，靠的不是借口，而是积极主动地解决问题，想尽办法地获取成功。

在日常工作中，我们经常能听到各种各样的借口："我不是专门搞这个的，这项工作我完成不了""这不是我的职责范围，你应该去找别人""这个方案当初是小张提出的，出了问题当然应该让他来负责，没我什么事"……诸如此类的借口，都是严重缺乏责任心的表现。

责任感是所有优秀员工必须具备的素养，它常常体现在很多小事上。不找任何借口、对自己负责的员工，他们就连最微不足道的工作，都能做到最好水平。

勇于负责的精神需要从小处着手，从细节着手。俗话说"千里之行，始于足下"，任何伟大的工程都始于一砖一瓦的积累，任何耀眼的成功也都是一步一步开始的。聚沙成塔，集腋成裘，成功之前所做的一切琐碎工作，都很容易让人厌倦。但是，这一砖一瓦、一步一步的累积，都需要我们以勇于负责的精神去一点一滴地完成。

缺乏责任心的员工，总是在接受工作任务时为自己的无能找借口——想方设法推掉任务、含糊其辞地勉强接受任务，更

不会主动争取任务。

缺乏责任心的员工，会在完成工作任务的过程中为自己的的懒惰找借口——“今天干不完没关系，不是还有明天嘛”“我先歇口气，等不累了再干”“我才不会严格要求自己呢，差不多就行了”……

缺乏责任心的员工，会在承担后果时为自己的失职找借口——由于对情况估计不足，由于外部环境变化太快，由于竞争太激烈，由于上级重视不够，由于某某人的过失……所以才出现了这样的问题，所以没能完成任务。

寻找借口的根源，其实就在于缺乏责任心，其直接导致的后果，就是大家都不敢正视问题，而是被动地面对问题，极力地掩盖问题，消极地处理问题，不断地为自己开脱。

要想成为一名受尊敬、被认同的好员工，就不能寻找任何借口，就需要从增强自己的责任心开始做起。

一个总是把找借口当成习惯、没有责任感的人，永远都不可能获得同事的信任与支持，更不可能获得领导的信赖与尊重。

两个很优秀的年轻人毕业后一起进入日本的零售业巨头大荣公司，不久，被同时派遣到一家大型连锁店做一线销售员。

一天，这家店在清核账目的时候，发现所交纳的营业税比

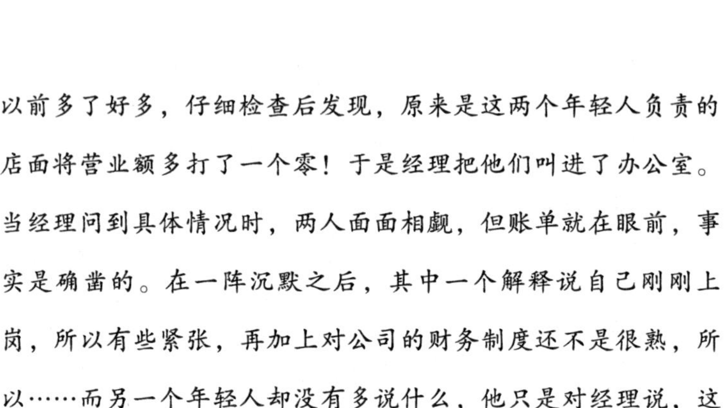

以前多了好多，仔细检查后发现，原来是这两个年轻人负责的店面将营业额多打了一个零！于是经理把他们叫进了办公室。当经理问到具体情况时，两人面面相觑，但账单就在眼前，事实是确凿的。在一阵沉默之后，其中一个解释说自己刚刚上岗，所以有些紧张，再加上对公司的财务制度还不是很熟，所以……而另一个年轻人却没有多说什么，他只是对经理说，这的确是他们的过失，他愿意用两个月的奖金来补偿，同时他保证以后再也不会犯同样的错误。

走出经理室，前一个员工对后一个员工说："你也太傻了吧，两个月的奖金，岂不是白干了？"后者仅仅是笑了笑，什么都没说。但从这以后，公司里将好几次培训学习的机会都给了那个勇于承担责任的年轻人。另一个年轻人坐不住了，他跑去质问经理为什么这么不公平？经理没有对他做过多的解释，只是对他说："一个不愿承担责任的人，是不值得团队信任与培养的。"

任何事情都要有责任心，都不能去寻找借口。如果不能意识到这一点，就极有可能陷入对自己危害的极大的误区。

爱找借口、没有责任心的人，总是不愿受约束，也不愿认真

负责地履行自己的职责。他们面对一切岗位制度和公司纪律，都在内心深处嗤之以鼻，对一切组织和机构中的岗位制度都持抵触情绪和怀疑态度。在工作和生活之中，动辄以潇洒为借口，以玩世不恭的姿态对待自己的工作和职责。对自己的所在机构或公司的工作报以嘲讽的态度，稍有不顺就频繁跳槽。这样的人，老板或上司稍加疏忽便会自我懈怠、自甘堕落。他们在团体中，如果没有外在监督，根本就没法工作。他们对自己的工作推诿塞责，故步自封。任何工作到了他们的手里都不能认真对待，当然工作也就不可能做好，这样的人是不会有什么更大的发展的，更别说提升人生境界、改变人生境遇、实现人生梦想了。

一个真正的成功者，一个真正优秀的员工，一定会拒绝寻找任何解释与借口。

美国历史上划时代的杰出总统富兰克林·罗斯福打破美国传统，连任了四届总统。然而，他壮年时身患小儿麻痹症，下身瘫痪。他很有理由寻找借口去放弃、去依赖，然而他没有，他以自己的信心、勇气及全部的努力向一切困难挑战，最终成为一个真正的强者，成为自己的主人，主宰了自己的灵魂和命运。

我们现在生存的时代需要的是真正强大的公司、真正优秀的员工！拒绝解释，拒绝借口！让自己逐步变得强大起来吧！

因为借口，所以平庸

在企业，永远不允许出现“我没有做到，但是……”，因为这里不接受无用的解释，需要的是真正有意义的结果。如果你没有做好，那么，你不用解释，你知道该怎样做——去行动、去得到有建设性的结果！

解释，一个看似合理的行为，其实在它的背后隐藏的是人天性中的懒惰和不负责任。在事实面前，没有任何理由可以被允许用于掩饰自己的失误，解释只是自己为了推卸责任而强加于事实的借口。而借口除了造成效率低下、公司业绩受损以外毫无意义。

一个爱找借口为自己开脱的人，永远也不会成为一个优秀的人。实际上，找借口就是通向失败的前奏。一味地寻找借口的企业，只会是平庸的企业；一味地寻找借口的员工，只会是

平庸的员工。

汉朝时期，有一天，汉武帝外出察访民情，路过宫门口时看到一位头发全白的卫兵，穿着很旧的衣服，站在门口十分认真地检查出入宫门之人。于是，汉武帝就走上前询问起来。

老人答："我姓颜名驷，江都人。从文帝起，经历三朝，一直担任此职。"

汉武帝问："你为什么没有升官机会？"

颜驷答："汉文帝喜好文学，而我喜好武功；后来，汉景帝喜好貌美的人，而我容貌丑陋；如今您做了皇帝，喜欢年轻有为之人，而我又年迈无为了。因此，我虽然经过三朝皇帝，却一直没有升官。惭愧啊！惭愧啊！"

颜驷几十年没有升职，固然与环境（皇帝的喜好）有关，但真的就没有自己的原因吗？颜驷历经三朝，换了三种用人风格的皇帝，都没有升迁的机会，那就应该在自己身上找原因了，怎么能总怪时运不济呢？就好比一名公司职员，在三位上司手下工作过，却都不能得到赏识，能说全是上司的责任吗？

从这个角度看，颜驷总是在别人身上找问题，一味地强调外部原因，为自己的平庸找借口。

在这个社会上，许多人之所以平庸一生，其原因就在于他们做什么事皆找借口。学习不好，说父母的遗传基因不好，把自己生的太愚笨；高考落榜，说身体不舒服，没有得到正常的发挥；找不到好工作，便说自己没有后台；工作不顺利，便找借口说现在的经济大潮不好……一点儿小事，都有借口来推卸责任。久而久之，这些人便在一个又一个的借口中沉沦，得到片刻的解脱，却让自己变得更加平庸！

其实，找借口是没有必要的，因为它不会给你带来任何好处。对于某件事情，你可能没有找到恰当的处理方法，也大可不必用各种借口来搪塞。挖空心思、费尽心力来找借口，并不能说明你的才干，反是显露出了你的脆弱和不负责任的态度。对于一件事情，你不会做，不能做，做不好，那也没有什么丢人的，你可以积极拓展思路，并向人虚心请教。如果你为了逃避责任，或者为了掩饰你的不足，而去搜寻借口，那就不足取了，甚至会让别人失去对你的信任。

要想成为一个真正的有志者，就必须对自己的能力有充分的认识，并且具有坚定的意志和永不动摇的信念。正如古代思想家荀子所说，“锲而不舍，金石可镂”，贵在持之以恒，贵在坚持不懈！但是如果一个人习惯了找寻借口，就会变得麻木不仁，变

得懒惰，因而也就不会坚持自己原来的理想与信念了。

“没有任何借口”不是缺乏人情味的冷漠，而是高效率解决问题的法宝，它能激发一个人最大的潜能，产生自我认同和自我崇拜。

伟大的巴顿将军曾在他的日记中写道：“有一天，潘兴将军派我去给豪兹将军送信。但我们所了解的关于豪兹将军的情报只是说他已通过普罗维登西区牧场。天黑前我赶到了牧场，碰到第7骑兵团的骡马运输队。我要了两名士兵和三匹马，顺着这个连队的车辙前进。走了不多远，又碰到了第10骑兵团的一支侦察巡逻兵。他们告诉我们不要再往前走了，因为前面的树林里到处都是维利斯塔人。我没有听，沿着峡谷继续前进。途中遇到了费切特将军（当时是少校）指挥的第7骑兵团和一支巡逻兵。他们劝我们不要往前走了，因为峡谷里到处都是维利斯塔人。他们也不知道豪兹将军在哪里。但是我们继续前进，最后终于找到豪兹将军。”

巴顿将军没有因为一次又一次的干扰信息，为保全自己的身家性命、胆小逃避地退缩，而是在早已融化在他血液里、根深蒂固的意识——“没有任何借口”这一西点校旨的潜移默化的驱使下，顺利地完成了任务，完成了别人认为不可能完成的任务，成就了一则永远传颂的战地佳话。

不要找借口推脱责任

当我们面对失败，是选择承担责任，还是选择寻找借口呢？选择承担责任，我们的人生之路就会是一直向前的，因为责任感会鞭策着我们走得更远；而要是选择寻找借口，我们的人生之路就将是后退的，因为借口会牵引我们原地踏步乃至后退。而我们所要做的，我们想要得到的，都需要我们永远向前迈进。

缺乏责任感的员工，不会视企业的利益为自己的利益，也就不会因为自己的所作所为影响到企业的利益而感到不安，更不会处处为企业着想，在任何一个企业，责任感是员工生存的根基。

缺乏责任感难免会失职，员工与其为自己的失职找寻借口，倒不如坦率地承认自己的失职。老板会因为你能勇于承担

责任而不责难你。相反，敷衍塞责，推诿责任，找借口为自己开脱，不但不会得到理解，反而会产生更大的负面作用，让老板觉得你不但缺乏责任感，而且还不愿意承担责任。没有谁能做得尽善尽美，但是，如何对待已经出现的问题，能看出一个人是否能够勇于承担责任。

甲乙两个裁缝在交接班时，裁缝甲要把手中的针交给裁缝乙，突然，针掉在了地上，由于是在晚上，灯光昏暗很难寻找，这时甲乙两人怎么办呢？可能会出现三种情况：

第一种，甲乙两人开始为此争吵，他们一定要分辨出这到底是谁的责任，然后由他把针找到。

第二种，甲乙两人二话不说，纷纷趴在地上开始找针。

第三种，甲乙两人马上确定分工，一个在右边找，一个在左边找。

以上三种情况哪一种最有可能先找到针呢？

毫无疑问，当然是第三种。故事虽然简单，却蕴含着深刻的道理。我们在日常工作中，经常会遇到一些不必要的麻烦，但是如何来处理这些麻烦，是先追究责任，还是先找方法解决问题？很多人会做出不同的选择。正如这两个裁缝，有些人一

看到出了问题，赶紧逃避责任，千方百计地把自己置身事外，为此他会找来各种借口，“这不是我的责任……”“这和我没有关系……”，但是，正是在这种互相推诿中，麻烦会一步步加大。

不过，也有一些人从不去找任何借口，从不去推卸自己应负的责任，而是及时寻找方法解决问题。因为在他们心中是谁的责任不重要，能够及时解决问题、避免造成进一步的损失才是最重要的。企业需要的正是后者。

其实，人性的弱点，决定了在每个人的天性中，都存在一颗“黑暗的种子”，那就是好逸恶劳、推卸责任。人们通常都是会出于本能地将好事往自己身上揽，而将坏事往别人身上推。如果我们不对自己内心深处这颗“黑暗的种子”严加扼制的话，那么就会非常容易陷入只找借口、推卸责任的不良思想循环中。

在我们的传统文化节里，讲的是“天下兴亡，匹夫有责”，我们要对企业、对组织负责的话，就必须要消除各种寻找借口的行为。

有些员工总是强调，如果别人没问题，自己肯定不会有问题，借机把问题引到其他人身上，用以减轻自己对责任的承

担。与其在那里挖空心思找各种理想来推卸责任，还不如想一想怎么做能够真正承担起责任，把出现的损失降到最低点。

那些取得成功的人，并非都有超凡的能力，而是有超凡的心态。他们能积极抓住机遇，创造机遇，而不是一遭遇困境就退避三舍、寻找借口。人们必须停止把问题归咎于他人和自己周围的环境，应当勇于承担自己的责任。一旦自己做出选择，就必须尽最大的努力把事情做好，一切后果自己承担，决不找借口，不推卸责任。

缺乏责任感的员工，不会视企业的利益为自己的利益，也就不会因为自己的所作所为影响到企业的利益而感到不安，更不会处处为企业着想，在任何一个企业，责任感是员工生存的根基。如果所有的员工都缺乏责任感，抱着“事不关己，高高挂起”的态度，只会为自己眼前的利益明争暗斗，对公司的利益置若罔闻，那公司就无从发展，大集体的利益就无法保证，员工也就无法生存了。

没有谁能做得尽善尽美，但是，如何对待已经出现的问题，能看出一个人是否能够勇于承担责任。出现问题不是积极、主动地加以解决，而是千方百计地寻找借口，致使工作无成效，业务荒废。借口变成了一面挡箭牌，事情一旦办砸了，

就能找出一些冠冕堂皇的借口，以换得他人的理解和原谅。找到借口的好处是能把自己的过失掩盖掉，心理上得到暂时的平衡。但长此以往，因为有各种各样的借口可找，人就会疏于努力，不再想方设法争取成功，而把大量时间和精力放在如何寻找一个合适的借口上。这样，会使你自己变得浮躁、懒散，老板也会认为你是个没有工作能力和不踏实的人，结果只能是把你解雇。

尽管说“我不知道”

在现实生活中，更多的人热衷于寻找各种各样的借口，却总是吝啬说“我不知道”。

而在西点军校，有四种回答军官或高年级学员问题的标准答案，“报告长官，我不知道”也是其中之一。

其实，在每一个借口的背后，都隐藏着丰富的潜台词，只是我们不好意思说出来，甚至我们根本就不愿说出来。借口让我们暂时逃避了困难和责任，获得了些许心理的慰藉。但是，借口的代价却无比高昂，它给我们带来的危害一点儿也不比其他任何恶习少。

就我个人而言，最让我感到鼓舞的事，就是碰见那些想过一种更充实的生活的人。当我把没有任何借口的观念介绍给他们时，他们就不再做一些无谓的事，而是立即动手去做事，我

发现这个观念对他们实在太有价值了。我在他们的生活中看到了立即的和长期的正面影响。

有这样一所重点中学，该学校素以对学生严格要求而闻名。有一天，校长发现有一盏电灯白白亮着浪费电，就问一位学生这是怎么回事。该学生回答说：“不知道，因为今天不是我值日。”听后，校长狠狠地训了他一顿。在校长看来，这个学生首先要做的是马上关掉电灯，并这样说：“校长，真对不起我没有注意到，这是我的错。”

在现实生活中，始终有两种人老是为自己找借口。第一种人是从一开始就找借口为自己开脱，他根本“不想去做”。在日常生活和工作中，我们经常会听到各种各样的借口：“那个客人我对付不了”；“我现在下班了，明天再说吧”；“我明天有事情，完不成这个工作”；“我很忙，现在没空”；“这件事不能怪我，不适合我来干”诸如此类的借口，有时真的让人们无可奈何。在现代公司里，缺少的正是那种想尽办法去完成任务，而不是时时刻刻寻找借口的员工。

第二种人一开始也努力去做，或者看似努力实际上根本没有全力以赴。他们开始为失败找借口：“我已经尽了全力了，最后没做好不能怪我一个人”“对手太强大了，我和他们进行

了很长时间的竞争”“我已经做了份外的事，难道还让我为我不该做的事负责”“他们出了差错，不是我不行”等等。这一类人他们去做，但是他们又没有做到底，他们寻找更合理的借口为自己的半途而废作辩解。

“我不知道”比不负责任地寻找借口要好许多。与其绞尽脑汁寻找借口来掩饰自己的无知，不如回答一句“我不知道”。

错误并不可怕，可怕的是不去改正错误；遭遇失败并不可怕，可怕的是在失败之后不能总结经验再站起来；遇到问题回答“我不知道”不可怕，可怕的是不懂装懂，不了解自己的无知。

勇于承认自己不知道的人是充满自信的。自信的人从来不为自己寻找任何借口，借口是懦弱的表现，与其不停为自己寻找借口，不如说“我不知道”。

有些人苦心孤诣地寻找借口，却无法将工作做好。那些一天到晚总想着如何欺瞒的人，如果肯将一半的精力和创意用到正途上，他们一定可以取得卓越的成就。

没有任何借口在企业中同样值得大力推广，因为一个企业就是一所西点军校，企业的员工就是西点的学员，在回答主管时，你要做的同样不是解释，因为那意味着你想要推御责任，你需要的是行动起来，用结果来说话。

工作就意味着责任，我们必须全力以赴地努力工作。我们必须本着对领导负责、对同事负责、对自己负责的原则，做一名忠诚的员工，做一名最优秀的员工，为社会付出自己的智慧、热情、责任、想象和创造力。我们必须秉承“没有任何借口”的理念，把寻找借口的时间和精力用到全心全意的工作中去，因为工作中没有借口，人生中没有借口，失败没有借口，成功也不属于那些寻找借口的人。如果我们每一个人都能做到“没有任何借口”，我们的事业将会蒸蒸日上，我们的明天将会无比辉煌！

不让找借口成为习惯

不找借口，意味着你充分认识到了自己的缺陷与不足，进而加以改正；意味着你心无杂念，可以全力以赴地去做事情，如此你就比别人多了一分成功的把握。不找借口，就意味着你可以更好地挖掘自身的意想不到的潜力，突破自己，做到别人所不能做的事情。

正是意识到借口对未来与人生所产生的消极影响，西点军校要求学员要在入校的第一时间内摆脱掉找借口的这一坏习惯。

抛弃找借口的习惯，你就会在生活中掌握到分析问题、解决问题的种种技巧与诀窍。抛弃掉找借口的坏习惯，你就有机会成为成功者，因为借口离你远去，而成功就会向你靠近。在这个世界上，没有绝对的公平，但是机会往往总是不留给那些轻易找借口，而是喜欢找方法的人士。因为这些人不会把时间浪费在

寻找借口上面，而是善于冷静地分析问题，并给出行之有效的解决问题的方法。因此，这些人更容易抓住眼前的机会。

事前找借口，是你在用借口向别人表明你没有能力去做这件事情，你对做好这件事情缺乏信心，你想偷懒！俗语道，人不自信，人岂信之。既然你在事前极力找借口，拒绝实现成功的机会，那成功自然也就与你无缘。

事中找借口，是你在用借口向别人表明你不能胜任这份工作，你达不到预期的目标，你想半途而废！既然你将时间和精力用在寻找借口上，任务不能完成，又何来“成功”二字？

事后找借口，是你在用借口向别人表明你拒绝吸取教训，你想逃避责任，你想为自己开脱！既然你在事后为开脱自己不断寻找借口，而不去深刻反思、认真总结，那么以后遇到类似情况，成功仍然与你无缘。

每一个借口，都暗示着员工的懦弱与不负责任。

借口的根源在于缺乏责任心，找借口只会使你与成功失之交臂。

不要让借口成为我们成功路上绊脚石，把寻找借口的时间和精力用到工作中来，积极地接受工作，努力去实现目标，敢于去承担责任，做一个大写的人，你就是好样的！

永远记住一句话：找借口使我们与成功无缘，因为工作没有借口，人生没有借口，成功没有借口！

任何借口都是推卸责任，在负责与借口之间，选择负起责任还是寻找借口，决定了你在工作和生活中是成功还是失败。

借口找多了，就会成为习惯，习惯于找借口的人，就会事事找借口，时时找借口，最后，变成了借口的奴隶，而让自己变得越来越平庸。如果你想成功，想成为一个出类拔萃的人，想成就自己一生的伟大，那么，就不要成为借口的奴隶。

人的一生会形成很多种习惯，有的是好的，有的是不好的。良好的习惯对一个人影响重大，而不好的习惯所带来的负面作用会更大。下面的五种习惯，是作为一名合格的管理者必备的习惯，它甚至是每一个员工应该具有的习惯。这些习惯并不复杂，但功效却非常显著。如果你是一位管理者，或者你希望将来成为管理者，就应该从现在做起，努力培养这些习惯。

（1）延长工作时间。许多人对这项习惯不屑一顾，认为只要自己在上班时间提高效率，没有必要加班加点。实际上，延长工作时间的习惯对管理者的确非常重要。

作为一名管理者，你不仅要将本职的事务性工作处理得井井有条，还要应付其他突发事件，思考部门及公司的管理及发

展规划等。有大量的事情不是在上班时间出现，也不是在上班时间可以解决的。这需要你根据公司的需要随时为公司工作。

上述种种情况，都需要你延长工作时间。根据不同的事情，超额工作的方式也有不同。如为了完成一个计划，可以在公司加班；为了理清管理思路，可以在周末看书和思考；为了获取信息，可以在业余时间与朋友们联络。总之，你所做的这一切，可以使你在公司更加称职。

（2）始终表现出你对公司及产品的兴趣和热情。你应该利用每一次机会，表现你对公司及其产品的兴趣和热情，不论是在工作时间，还是在下班后；不论是对公司员工，还是对客户及朋友。

当你向别人传播你对公司的兴趣和热情时，别人也会从你身上体会到你的自信及对公司的信心。没有人喜欢与悲观厌世的人打交道，同样，公司也不愿让对公司的发展悲观失望或无动于衷的人担任重要工作。

（3）自愿承担艰巨的任务。公司的每个部门和每个岗位都有自己的职责，但总有一些突发事件无法明确地划分到哪个部门或个人，而这些事情往往还都是比较紧急或重要的。如果你是一名合格的管理者，就应该从维护公司利益的角度出发，

积极去处理这些事情。

如果这是一项艰巨任务，你就更应该主动去承担。不论事情成败与否，这种迎难而上的精神也会让大家对你产生认同。另外，承担艰巨的任务是锻炼自己能力的难得机会，长此以往，你的能力和经验会迅速提升。在完成这些艰巨任务的过程中，你有时会感到很痛苦，但痛苦却会让你变得更成熟。

（4）在工作时间避免闲谈。可能你的工作效率很高，也可能你现在工作很累，需要放松，但你一定要注意，不要在工作时间做与工作无关的事情。这些事情中最常见的就是闲谈。

在公司，并不是每个人都很清楚你当前的工作任务和工作效率，所以闲谈只能让人感觉你很懒散或很不重视工作。另外，闲谈也会影响他人的工作，引起别人的反感。

你也不要做其他与工作无关的事情，如听音乐、看报纸等。如果你没有事做，可以看看本专业的相关书籍，查找一下最新专业资料等。

（5）向有关部门提出部门或公司管理的问题和建议。养成了良好的习惯，你就不会在为工作中出现的问题而沮丧，甚至可以在工作中学会大量的解决问题的技巧，这样借口就会离你越来越远，而成功离你越业越近。千万不要让借口成为你的

习惯，就从现在开始，在工作中，在生活中，杜绝任何一次寻找借口的行为吧！

很多喜欢发牢骚、经常抱怨不幸的人曾经都有过梦想，却始终无法实现。这什么呢？因为他们有找借口的毛病。

这样的人是不可能成为好员工的，他们也不可能有完美成功的人生。在我的公司里，我会让这样的人统统离开。

第五章

让自己充满热情

让自己充满热情

“要想获得这个世界上的最大奖赏，你必须拥有过去最伟大的开拓者所拥有的将梦想转化为现实的献身热情，以此来发展和展示自己的才能。”戴维·格立森将军说。

美国著名棒球运动员杰克·沃特曼曾是一名军人，退伍后，加入了职业棒球队。可是没过了多长时间，他就遭到有生以来最大的打击，他被球队开除了。因为球队经理觉得他一点儿激情都没有，击球时的动作软弱无力。临走时，球队经理这样对他说：“你这样慢吞吞的，怎么像是一个在球场上比赛的队员？杰克，离开这里之后，无论你到哪里做任何事情，若不提起精神来，你将永远不会有出路。”

离开了球队之后，不久他又加入了亚特兰大球队，只是月薪由以前的175美元降到了25美元。开始的时候，他为此很沮

丧，在球场上依旧是毫无热情。但有一天，他忽然决心要试一试。待了10天之后，一位名叫丁尼·密亭的老队员把他介绍到罗杰斯曼顿镇去。当第一次踏上罗杰斯曼顿镇的球场，他就在心里对自己说：“我要成为这里最具有热情的球员。”于是，他一上场就如同浑身充满了电一样。他强力地击出高球，使接球手的双手都麻木了。有一次，在气温高达华氏100度的球场上，他冒着极有可能中暑的危险跑来跑去，并以强烈的气势冲入三垒，那位三垒手吓呆了，球漏接了，他击垒成功了。

正是凭借着这样的热情，他的球技变得出乎意料的好，总能让观众大吃一惊，同时，也是由于他的热情，其他的队员也都兴奋起来了。第二天的《得克萨斯报》上，对他作出了这样的评价：“那位新加入的球员，无异是一个霹雳球手，全队的其他人受到他的影响，都充满了活力，他们不但赢了，而且是本赛季最精彩的一场比赛。”没过多长时间，他的月薪由25美元涨到了185美元。

在接下来的两年时间中，杰克一直在球队中担任三垒手，并成为球队中的灵魂人物，所有队员都喜欢和他合作，击出漂

亮的球来，而他的薪水已经是过去的30多倍了。

他说：“我一上场，就好像全身带电一样。当时，我在球场上奔来跑去，极有可能中暑而倒下去。这种热情所带来的结果让我吃惊，我的球技出乎意料地好。同时，另外，我没有中暑，在比赛中和比赛后，我感到自己从来没有如此健康过。第二天早晨我读报的时候异常兴奋。说：‘由于对工作和事业的热情，我的月薪由25美元提高到185美元，多了7倍。’后来薪水加到当初的30倍之多。为什么呢？就是因为一股热情，没有别的原因。”

在我们的工作中，辉煌业绩的取得也少不了热情。例如，同样一件工作，在积极优秀者和在消极者看来，会成为不一样的事情。积极者看见机会，消极者却看见障碍。全力以赴的积极优秀者能看见事情的积极面及其可为之处；不投入的人却只看见难以克服的困阻，很快就气馁、灰心。这完全是因为他们投入的心态不同。

你愈投入，事情就愈显得容易。当你认真地想做，一切都变得很有可能，没有什么是太麻烦或太困难的。障碍就像田径赛的栅栏，等着被征服。外来的干扰会被视为学习的机会，并

能激励人继续进步。投入愈强烈，工作变得愈可行，信心就会跟着大增。

反之，投入意愿很低的时候，任何事都会对你产生威胁。事事让你感到棘手、头痛，精力与热情也跟着低落，结果就像必须用双手推动一堵顽强牢固的墙，费好大的劲儿才能完成某件事情。

这就是说，热情是我们走向成功的助推器，如果我们对任何事情都充满热情，我们就不会推卸责任、随意指责他人。这时候，要想避免发生自我毁灭的行为，我们必须立刻调整方向，控制自己的负面情绪，同时想办法增添自己的活力，转变工作态度，并努力地付诸行动，将自己的生活从泥沼中拔出来，因为“湿火柴是点不着火的”。

我们应该每天问问自己：“我有多高的易燃指数？我的内心是否有激情在燃烧？自己是否具备炙热的发光、发热的火焰？我是否热爱现在的工作？我每天的工作是否开心快乐？”

点燃内心深处热情的火苗，自己对于工作的热忱要靠自己发掘，不要抱着不切实际的想法，以为别人会负责为你加油、打气，或是给你更刺激、更具挑战性的工作。

老板问那些求职者：“你为什么选择我们公司？”

其中，多数人的回答是：“我想，贵公司提供的条件可能会适合我的工作。”

听到这种回答，老板无比惊讶。

于是，老板对他们说：“对不起，我们没有那样的工作，只有许多热爱自己工作的人。”

哈佛大学商学院的丹尼斯·辛莱克教授对500家公司做过一个调查，结果显示，有80%的员工视工作为苦役，而且迫不及待地想要摆脱工作的桎梏。这是为什么呢？因为他们缺少热情。如果一个员工缺少了热情，他们一旦遇到挫折或者遇到失败，就会找各种借口来为自己开脱，比如说自己的身体健康有问题，是因为外在环境影响而没有发挥等等。但是，一旦你仔细去研究他们的内心世界，你就会发现，造成这种结果的并不是影响他们的外在环境，而是他们自己身上缺少了一种东西，这种东西就是热情。如果他们具备了热情，就不会无精打采地去学习、磨磨蹭蹭地去工作。实际上，正是这些因素决定了他们是否能在工作中积极行动。因此，热情对于一个员工来说，就如同生命一样重要。

热情使你充满力量

热情是一个人保持高度的自觉，把全身的每一个细胞都激活起来，完成他心中渴望的事情；是一种强劲的情绪，一种对人、事物和信仰的强烈情感。工作中需要注入巨大的热情，只有热情才能取得工作的最大价值，取得最大的成功。

任何公司都希望员工对工作抱有积极、热情、认真的态度。因为只有这样的员工才是公司进步的根本。具有激情的员工能够感染别人的情绪，使事情向良好的方向发展。对于工作饱含激情的人，永远都是企业最为欣赏的人。

一个人是否热情，决定了他做事情的态度。缺乏资金以及其他许多种你无法当即予以克服的环境因素，可能迫使你从事你所不喜欢的工作，但没有人能够阻止你在自己的脑海中决定你一生中明确的目标，也没有任何人能够阻止你将这个目标变成事实，更没有任何人能够阻止你把热忱注入到你的计划之中。

“十分钱连锁商店”的创办人查尔斯·华尔渥滋曾说过：“只有对工作毫无热忱的人才会到处碰壁。”

查尔斯·史考伯说：“对任何事都有热忱的人，做任何事都会成功。”

当然，这是不能一概而论的，譬如一个对音乐毫无才气的人，不论如何热忱和努力，都不可能变成一位音乐界的名家。但凡是具有必需的才气，有着可能实现的目标，并且具有极大热忱的人，做任何事都会有所收获，不论物质上或精神上都是一样。

即使需要高度技术的专业工作，也需要这种热忱。

爱德华·亚皮尔顿，是一位伟大的物理学家，曾协助发明了雷达和无线电报，也获得了诺贝尔奖。

《时代杂志》引用过他一句具有启发性的话：“我认为，一个人想在科学研究上有所成就，热忱的态度远比专门知识来得重要。”

这句话如果出自普通人之口，可能会被认为是外行话，但出自亚皮尔顿这种权威性的人物，意义就很深长了。如果在科学的研究上热忱都那么重要，那么对普通的职员来说，岂不是占有更重要的地位吗？

“人在一生中之所以能够成功，最重要的因素就是对自己每天的工作抱着热情的态度。”这句话是《工作的兴奋》作者威廉·费尔波说的。威廉·费尔波是耶鲁大学最著名而且最受欢迎的教授，他还说过：“对我来说，教书凌架于一切技术或职业之上。如果有热情这回事，这就是热情了。我爱好教书，如画家爱好画画、歌手爱好唱歌一样。”

亨利·福特也说过：“我喜欢具有热情的员工。他热情，就会使顾客热情起来，于是生意就做成了。”

有些人对他们从事的工作缺乏热情，而培养热情的首要条件就是去做你不感兴趣的事。当然，在你为了培养热情努力地工作后，你就会发现这些你不喜欢的事并不是那样困难或者枯燥。

那天我回到家里，发现我哥的孩子正在哭，还把他的玩具都摔了一地。原来他过几天就要去上幼儿园了，可是小孩子天性爱玩，他怎么也不愿意去。这是一个头痛的问题，解决不好对孩子也存在一定的影响。可是有什么办法让孩子心甘情愿地去幼儿园呢？正好我那天在写作关于热情的内容，我想不是说热情也是一种要重的力量吗？

虽然我这样想，可是怎样才能让他对上幼儿园产生热情

呢？于是我把小妹叫了过来，并问道："你们在学校里除了上课以外，还会做一些什么活动，平常时间你们最喜欢的活动是什么？"在听了小妹的回答后，我有了一个好办法，在晚饭过后，我和小妹还有亲人都坐在一起谈论幼儿园的问题，并且把在幼儿园里会发生的一些活动，还有好多小朋友等等一一说了出来，小妹还在一边用画笔作画。小侄一直在边上听我们说，当他看到小妹在作画时，他也吵着要学，可是小妹怎么也不让他碰画笔，后来小妹又拿出了一些彩纸开始折叠飞机和其他小玩具，这时候小侄子更按捺不住了，大吵着要玩小妹叠的小玩具，这时小妹就说了这样一句话："你现在没上学所以不能玩，只有上学了才能学画画，还有叠更多的玩具。"

那天晚上我们说了许多学校里好玩的趣事给他听，这时的他已经对学校产生了兴趣。第二天早上，我刚起床就看到小侄子站在大厅里了，我问道："你为什么起这么早？"小侄子的回答让我很高兴，因为我们成功了，他说："我等着他们送我去幼儿园呢！"

当对一件事充满了热情时，就会产生一种积极的态度。同一件事在你有热情与缺乏热情的情况下做出来的效果肯定不

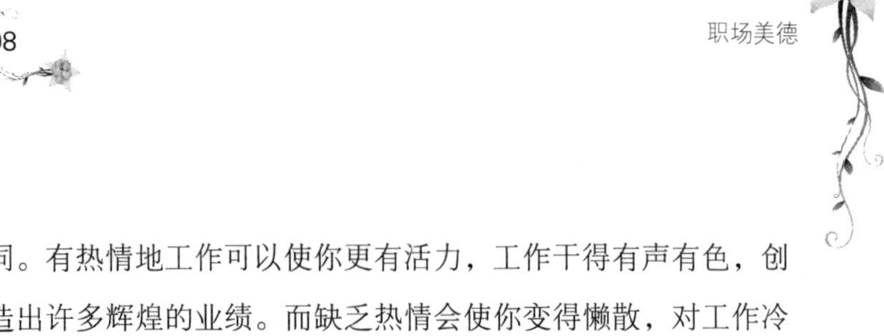

同。有热情地工作可以使你更有活力，工作干得有声有色，创造出许多辉煌的业绩。而缺乏热情会使你变得懒散，对工作冷漠处之，当然就不会有什么发明创造，潜在能力也无所发挥。可见，培养热情是竞争中至关重要的。

那么，我们怎样才能培养自己的热情呢？我们看看下面的几种方法：

（1）制定一个明确的目标，让这个目标打动你，如果你的目标太大，可以把这些目标分成许多小目标。

（2）有了目标以后，为达到这个目标写一个清楚、仔细的计划、并把你达到目标后会得到什么、在追求这个目标时你愿意付出什么都写出来。

（3）使自己有一种追求所定目标的强烈欲望。

（4）按照你的计划立即执行。

（5）在你追求目标的时候有可能会遭遇失败，这时你应再仔细地研究一下计划，必要时应加以修改，别因为失败就变更计划。

（6）随时保持积极的心态，在充满恐惧、嫉妒、贪婪、怀疑、报复、仇恨、无耐性和拖延的世界里不可能出现热忱，它需要积极的思想和态度。

（7）必须以达到既定目标的态度推销自己，自我暗示是

培养热忱的有力力量。

在你尝试了以上七点后，你肯定会有所收获。热情是一种意识状态，它能鼓舞和激励你采取积极的行动，让你整个身体充满活力，使你的学习与生活不再显得辛苦、单调。它还能感染和你接触的每一个人与你一起共同奋斗，创造美好未来。如果我们说得夸张一点儿，可以把热情当作一个人心中的神来比拟，当热情注入到你的奋斗之中，那么你无论面对什么样的困难都将所向披靡、战无不胜。

一位励志大师说：“拥有热情，你就可以用更高的效率、更彻底的付出做好每一件事，你会觉得你所从事的工作是一项神圣的天职，你将以浓厚的兴趣，倾注自己所有的心血把它做到最好；拥有热情，你就会敏感地捕捉生活中每一点儿幸福的火花，体验快乐生活的真谛；拥有热情，你会以宽广的胸怀获得真诚的友谊，用你的爱心、你的关怀、你的胸襟创造和谐的人际关系；拥有热情，你就会以更加积极的态度面对生活，以高昂的斗志迎接生活中的每一次挑战与考验，以不屈的奋斗向自己的目标冲刺，用热情之火将自己锻造成一座不倒的丰碑。”

所以，热情是点燃生命的火种；热情是照亮前程的心灯，激荡内心澎湃的热情方能绽放光彩绚丽的人生！

永远点燃激情之火

如果有哪一种品质是成功者共有的，那就是他们比其他人更有热情。

火热的欲望产生激情，激情造就卓越。爱默生曾经说过：“没有激情，就没有任何事业可言。”

比尔·盖茨有句名言：“每天早晨醒来，一想到所从事的工作和所开发的技术将会给人类生活带来巨大影响和变化，我就会无比兴奋和激动。”这句话阐释了他对工作的激情。在他看来，一个优秀的员工，最重要的素质是对工作的激情，而不是能力、责任。他的这种理念已成为微软文化的核心，像基石一样让微软王国在IT世界傲视群雄。

热情和人类的关系，就好像是蒸汽和火车头的关系：它是行动的主要推动力。人类最伟大的领袖，就是那些知道怎样鼓舞他的追随者发挥热情的人。

福特公司总经理佛莱克·威廉姆斯说："我愈老愈更加认定热情是成功的秘诀。成功的人和失败的人在技术、能力和智慧上的差别通常并不大，但是如果两个人各方面都差不多，具有热情的人将更能得偿所愿。一个人能力不足，却具有热情，通常必定会胜过能力高强而欠缺热情的人。"

在职场上，我们会面对很多的不如意，只要我们停止报怨，每天带着热情去工作，一切困难则会迎刃而解。

有欲望的人才会成功。你要做的就是要把这种欲望转化为熊熊的火焰，让这火焰把自己燃烧起来。

杰克·韦尔奇在自传中写道："每次我去克罗顿维尔，向一个班级提问，拥有什么样的素质才能称得上一名'顶级的玩家'，我常常高兴地看到第一个举起手来的人说：'是工作热情。'对我来说，极大的热情能做到一美遮百丑。多年来，我一直在我们选择的领导中挖掘工作热情，热情并不是浮夸张扬的表现，而是某种发自内心深处的东西。"

什么东西能够激发一个人为了完成一件任务可以几天几夜不眠不休？可以承受几年，甚至更长的时间去做琐碎细致的工作而一直追求卓越？可以面对任何困难毫不退缩？可以面对无

数次拒绝仍然不会放弃？可以不惜一切代价地去做事不达目的绝不罢休？那就是进取的激情。

萨姆·沃顿，这位沃尔玛公司的创始人，在80多岁的时候，还马不停蹄地在全国巡视他那庞大的连锁店帝国。他去南美洲考察的时候，因为在超市里不断爬上爬下测量货架之间的距离，被超市报警送到警局里。

当然，我们对于理想有自己的考虑，并不一定非要像大富豪一样积累巨大的财富，我们有自己的追求。要知道，我们来到这个世界，不是为了浑浑噩噩、稀里糊涂地度过此生，为的是要实现自己的人生价值，发挥出自己的本色，做一个最好的自己。没有人愿意虚度一生，谁都希望自己的生命充实美满、富有意义。进取之心，人皆有之。可是岁月流逝，越来越多的人失去了斗志和激情。如今，我们正处在人生的创造时期，怎能失去进取之心，失去激情，麻木不仁地度过此生呢？

怎样发现和释放激情呢？

要热爱自己的工作，说起来容易做起来难，关键在于你要看到你所做的事情的意义和价值。如果你能换一种眼光来看待你的工作，你的感受可能就会发生变化。

你对一件事了解得越多，你就会对它越感兴趣。想想看，

你对你没接触过的东西会感兴趣吗？绝对不会，甚至你可能根本也没兴趣去接触它。可是，一旦你对这件事的了解多起来，你就越能发现其中的乐趣。所以，你不妨对于你的工作多做些研究，多思考其中的窍门，这是个很有效的技巧，你会发现你不仅增强了工作的技能，而且更能从工作中感受到乐趣。

没有什么工作是值得轻视的，也没有什么工作是你不能从中感受到乐趣的。很多人轻视和厌烦他们所从事的工作，他们一定会把自己的工作看成是每天在毫无意义地敲打大石头呢！想想这样的人，他们从周一干到周五，是一件多么受折磨的事情啊。还有一些人有一种浪漫主义的想法，以为只有某些行业的工作才是有意义的，比如说做律师啊、从事金融行业啊。实际上，能不能从工作中感受到乐趣和激情，这是一种能力，或者说是一种习惯。如果没有养成这种习惯，做什么工作可能都不会塌实。当你养成了这种习惯，在任何工作中你都能发现乐趣。

世界顶级的希尔顿饭店的总裁曾经说过：“我们饭店最普通的工作人员都热爱自己的工作。你能想象在勤杂业的爱因斯坦吗？如果你不能想象，那你就没有资格在这个行业里混。”

热忱能带领你迈向成功

真正的热忱常能带来成功。但如果热忱是出于贪婪或自私，成功也就如昙花一现。如果你对正义毫无感觉，凡事都以自己为出发点，同样的热忱也许一开始会让你尝到成功的甜头，最后还是不免倒下。

能否成功，最后还是要看我们潜意识里的欲念是否单纯。

最理想的情况莫过于去除我们自身的自私，凡事利他助人，并且单纯地希望增进人类和社会的幸福。但是对我们这些凡人而言，要根除自私自利与贪婪是极难的。对于这一点，我们不用觉得羞愧。以自我为中心的欲念就是我们得以生存下来的机制。然而，我们也要试着去控制这种欲念。至少我们该转移工作目标：我们不光是为了自己而工作，更是为了群体。把工作目标从自己身上转移到他人，欲念就会变得单纯。最后，

单纯的信念必然能占上风。

拿破仑·希尔个人的经验就是如此：在他为了一些无私的念头而痛苦或焦虑时，常常柳暗花明又一村，突然出现解决之道。

拿破仑·希尔总认为，这是更高的力量把他那无助而单纯的念头带进潜意识中，才能使他洞察先机。

每次拿破仑·希尔评估一个人的时候，总是考虑到他的才干和能力。但是，拿破仑·希尔相信考量这个人所深藏的热情也是很重要的。因为如果你有热情，几乎就所向无敌了。

如果热忱对任何人都能产生这么惊人的效果，对你我也应该有同样的功效。

热忱的态度，是做任何事必需的条件。我们都应该深信此点。任何人，只要具备这个条件，都能获得成功，他的事业，必会飞黄腾达。

对工作具有热忱的人，都在愉快地工作着。

如果一位妻子希望自己的丈夫出人头地，从今天开始，就应该使他建立对工作认真的观念，也就是认清热忱态度的重要。

了解一件工作或是产品，可以增加热心。著名记者塔贝尔说过，她有一次花了好几个星期，去为一篇500多字的文章搜集资料——虽然事实上她只用了资料的一部分。她解释着说，那

些没有使用的资料，将会增加她所保存的实力。由于她所知道的东西比写这篇文章所需要的更多，所以她能够写得更轻松、更有信心以及更具权威。

本杰明·富兰克林小时候就懂得如何运用这个技巧。那时候他在一家臭味冲天的肥皂工厂里打杂，由于他竭尽所能地学会了整个制造程序，所以对于自己为成品所做的微薄贡献，也感到相当的得意。

我们大部分人都是半醒半睡地生活着。为什么你不在每天早上对自己说："我爱我的工作，我将要把我的能力完全发挥出来。我很高兴这样活着——我今天将要百分之百地活着。"

为别人服务会产生热忱——许多有能力的人选择低薪的社会服务和传教工作，而不去从事比较自我的职业以赚取更多的钱，就是例证。

打游击战术也许暂时会成功，但是最后都会失败的。最好是让大家都伸出援助的双手，而不是把他们的脚伸出来绊倒我们。

"我最需要的，"爱默生说，"是有个人使我做我能做的事。"

"开放我的心怀。"换一句话说，就是鼓励。

我们没有办法控制自己的工作环境，但是我们可以尝试培

养朋友和活力，以刺激自己更有创造力的思考和生活。

如果你希望自己散发出热心，就让你自己生活在对生命机警有活力而且清醒的朋友的影响之中。每一个团体都有这种人，他可能就在我们身边。

要把找出这种人当做你的职责，并且和他们交往。然后注意这种接触，在你身上引起了多少火花，而引发出你的理想。

要是你没有能力，却有热情，你还是可以使有才能的人聚集到你身边来。

假如你没有资金或是设备，若你有热情说服别人，还是有人会回应你的梦想的。

热情就是成功和成就的泉源。你的意志力、追求成功的热忱和热情愈强，成功的概率就愈大。

热情在每分每秒

热情是一种状态——你24小时不断地思考一件事，甚至在睡梦中仍念念不忘。事实上，一天24小时意识清楚地思考是不可能的。然而，在工作中有这种专注却很重要。

热情可使你释放出潜意识的巨大力量。在认知的层次，一般人是无法和天才竞争的。然而，大多数的心理学家都同意，潜意识力量要比有意识的力量大。一家小公司不可能梦想很快就招募到一批奇才。但是，我们相信，如果发挥潜意识的力量，即使是普通人也能创造奇迹。

推销大师乔·吉拉德也是一位注重工作细节的人。他认为，卖汽车，人品重于商品。一个成功的汽车销售商肯定有一颗尊重普通人的爱心。他的爱心体现在他的每一个细小的行为中。

有一次，一位中年妇女从对面的福特汽车销售商行走进

了乔吉·拉德的汽车展销室。她说自己很想买一辆白色的福特车，就像她表姐开的那辆，但是福特车行的经销商让她过一个小时之后再去，因此先到这儿来瞧一瞧。

“夫人，欢迎您来看我的车。”乔吉·拉德微笑着说。妇女非常兴奋地告诉他：“今天是我55岁的生日，想买一辆白色的福特车送给自己作为生日的礼物。”“夫人，祝您生日快乐！”乔吉·拉德热情地祝贺道。然后，他轻声地向身边的助手交代了几句。

乔吉·拉德领着夫人从一辆辆新车面前慢慢走过，边看边介绍。在来到一辆雪佛莱车前时，他说：“夫人，您对白色情有独钟，瞧这辆双门式轿车，也是白色的……”就在这时，助手走了进来，把一束鲜花交给了乔吉·拉德。他把这束漂亮的鲜花送给夫人，再次对她的生日表示祝贺。

那位夫人感动得热泪盈眶，十分激动地说：“先生，太感谢您了，已经很久没有人给我送过礼物了。刚才那位福特车的推销商看到我开着一辆旧车，一定以为我买不起新车，因此在我提出要看一看车时，他就推辞说需要出去收一笔钱，我只

好上您这儿来等他。现在想一想，也不一定非要买福特车不可。”就这样，这位妇女在乔吉·拉德这里买了一辆白色的雪佛莱轿车。

给来看车的顾客说一声“生日快乐”，注意到顾客对白色车的爱好，送顾客一束鲜花庆祝生日，对于卖汽车的工作人员来说，似乎只是无足轻重的小事，但正是这许许多多的细小行为，为乔·吉拉德创造了空前的效益，使他的营销取得了辉煌的成功。他创造了12年推销1.3万多辆汽车的最高纪录，被《吉尼斯世界纪录大全》誉为“全世界最伟大的推销员”。

成功不是偶然的。要求你必须具备一种坚持到底的信念，一种锲而不舍的精神，一种自动自发的责任心，一种脚踏实地的务实态度，一种细节之处见真功的实力。

要想摆脱对小事无所谓的恶习，你必须做好以下几点：

（1）在接到一项任务时，对其中的各种细节都不要产生轻视的心理，你要把它看成一件重要的大事。只有这样，你才会真正重视它，并开动脑筋、发挥潜力做好它。实际上，要做到这一点并不容易，你需要时时提醒自己：“别看它不起眼、非常简单，但对整项任务能否顺利完成却起着至关重要的作

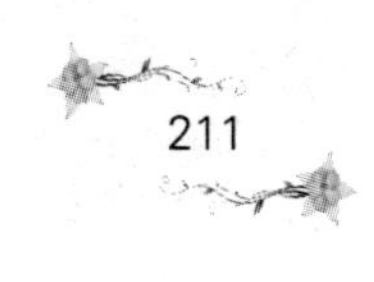

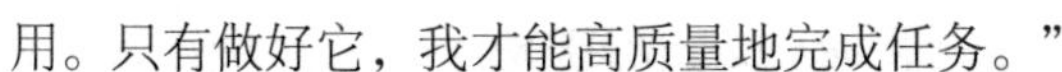

用。只有做好它，我才能高质量地完成任务。”

（2）工作时一定要认真、细心，不要以为是平凡的小事，就敷衍了事地应付。你应该像做重要的事一样认真对待，细心、扎实地处理好每一个细节和环节，一丝不苟地去完成它。这样，你就能借助“平凡小事”的力量推进工作进度，做出不平凡的业绩。

（3）做得“完美”时要让周围的人知道。不论你所负责的工作多么平凡、多么不起眼，假如你细心工作，发挥你的聪明才智，你就可能做出让周围人惊讶的成绩来。比如，你想出了一个好的创意，有利于提高工作成就；再如，你创造出一套行之有效的好方法，能提高工作效率，或者提高工作质量。这无疑是平凡的工作对你的回报。这些好的创意和想法对于你更好地完成更富挑战性的工作是非常有利的，同时它也为你提供了一个成功的契机。许多人在得到这些“馈赠”和“回报”时，习惯于藏起来自己独享，实际上，这种行为并不可取。这个时候，你最好让周围的人知道，切忌保密。与人分享成果有利于得到别人的好感，提高你的人脉指数，而良好的人际关系则会使你的工作速度和工作质量得到进一步提高。另一方面也有助于上司发现你的能力，使你早日获得晋升的机会，而且这

样做还有助于提升整个团队和企业的绩效。

总而言之，一个人能否取得卓越的成就，取决于他能否将那些再平凡不过的小事做好。因此在工作中，哪怕事情微不足道，你也要认认真真地把它做好：能完成100%，就绝不只做99%。

工作之中无小事，不要小看小事，不要讨厌小事，只要有益于自己的事业，不管做什么事情，我们都应该全力以赴。“勿以善小而不为，勿以恶小而为之。”细微之处见精神。有做小事的精神，才能产生做大事的气魄。

作为一名普通的员工，要想在众多同事当中脱颖而出，你必须用极度的热情去做老板交给你的每一项任务。即便是最普通的事，也应该全力以赴、尽职尽责地去完成。能把小任务顺利完成，也有完成大事情的可能。一步一个脚印地向上攀登，便不会轻易跌落。这也是通过工作获得真正的力量的秘诀。

用热忱感染他人

有一个词语叫作“满腔热忱”，意思是我们要对自己所做的事情充满热情，而热情的实质是要发泄或者说显示自我。热情是可以激发的，又是可以控制的，它可以从一个人身上传递到另一个人身上。热情的能量与无线电信号相似，可以传遍全世界。热情可以发送，可以接收。当一群人拥有了某种热忱，它便形成一股强大的力量。尤其是在追寻梦想的时候杷热情带进来是很重要的，如果你拥有梦想并且希望实现它们的话。这种燃料一旦点燃，将会让你的“飞机引擎”在飞行期间生气勃勃地持续运转。有史以来，热情驱使着世界上最杰出的人士在他们工作的领域达到人类成就的巅峰，而热情也会为你做同样的事。

伟大的物理学家爱德华·亚皮尔顿，荣获过诺贝尔奖，他有一句很具有启发性的话是这样说的：“我认为，一个人想在

科学研究上有所成就，热情的态度远比专业知识更重要。”

美林·埃德加投资公司总裁埃德加·爱伦坡说：“热忱是一种力量，它可以融化一切；热忱源自内心，它不是虚伪的表象。热忱使人充满了魅力和感染力。在一个积极有力的人面前，纵然是坚冰也不再冷漠。”

在任何时候热情都是点燃我们生命的火种，拥有热情就拥有了照亮前程的心灯。一名伟人说过这样的话：“激荡内心澎湃的热情方能绽放光彩绚丽的人生！”所以，热情是你成就人生价值的最大助力。

热情的态度与行动之间的关系，就如同汽油和汽车引擎，没有汽油汽车是发动不起来的，同样，没有热情行动也只会搁置在浅滩上。因此，无论做任何事情，都应该怀着热情，并用它点燃身体内蕴藏的能力，凭借着这股力量，我们可以改变自己人生中的任何层面，扭转那些不利于我们发展的环境，使梦想最终成为真实。

关于热忱，西点军校前校长道格拉斯·麦克阿瑟是这样说的：“你有信仰就年轻，有疑惑就年老；有自信就年轻，畏惧就年老；有希望就年轻，绝望就年老；岁月使你皮肤起皱，但是失去了热情，就损伤了灵魂。失去了热情，就损伤了灵魂。

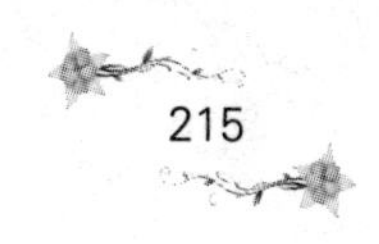

你的灵魂就不再年轻。”每一个致力于成功的人，都应该牢记这句话。在各种成功素质中，居于首位的应该就是热情。

没有热情的军队，是打不了胜仗的；没有热情的公务员，不可能处理随时发生的公共事务；没有热情的商人，也不会到世界各地去做生意。热情，是所有伟大成就取得过程中最具有活力的因素。最好的劳动成果总是由头脑聪明并具有工作热情的人完成的。

在一家大公司里，那些吊儿郎当的老职员们嘲笑一位年轻同事的工作热情，因为这个职位低下的年轻人做了许多自己职责范围以外的工作。然而不久，他就从所有的雇员中脱颖而出，当上了部门经理，进入了公司的管理层，令那些嘲笑他的人瞠目结舌。

大多数人生下来时条件是相同的，并无优劣之分。由于后来受到不同环境、不同人生经历的磨励，受到不同程度的教育，才产生了较大差别。

一个对工作充满热情的人，无论从事什么样的工作，都会认为自己的工作是一项神圣的天职，并怀着深切的兴趣，不管遇到的困难有多么艰巨，他都会始终如一地用热情负责任的态度去进行。而一旦抱有了这样的一种态度，任何人都将有获取

成功的机会。

爱默生说过这样一段话：“有史以来，没有任何一项伟大事业不是因为热情而成功的。”事实确实如此，爱默生的话正是迈向事业成功之路的指针。

“暗示”是一种原则，你的言论、行为甚至你的意识状态，都是经由这个原则影响到其他人。

当你自己的意识因为受到热忱的刺激而剧烈地振动时，这个振动将会自动记录在相关的所有人的意识中，尤其是那些和你有过密切接触的人。

拿破仑·希尔说：“如果你对自己所推销的产品、提供的服务或是发表的演说产生热忱，你的意识状态将很明显地被所有听到你说话的人了解，他们可以通过你的语气加以判断。事实上，要使对方相信你，或使对方怀疑你，最主要的是你发表声明时的语气，而不是声明的内容。”

为了证实以上这些道理，拿破仑·希尔叙述了自己的亲身经历：

有一次，一位推销员来拜访拿破仑·希尔，希望希尔订阅一份《周六晚邮》。他把那份杂志拿到拿破仑·希尔面前，暗

示了拿破仑·希尔应该如何回答他的这个问题：

“你不会为了帮助我而订阅《周六晚邮》吧，是不是？”

当然，拿破仑·希尔一口拒绝了。因为是他使拿破仑·希尔很轻易地就能够予以拒绝的。他的话中没有热忱做后盾，他的脸上充满阴沉及沮丧的神情。他急需从希尔的订费中赚取他的佣金，这是不容怀疑的。但是他并未说出任何足以打动希尔的理由，因此，他无法做成这笔交易。

几个星期之后，另一位推销员来见拿破仑·希尔。她一共推销六种杂志，其中一种就是《周六晚邮》，但她的推销方法则大为不同。她看了看他的书桌，发现书桌上摆了几本杂志，然后，她又看看他的书桌，忍不住热心地惊呼：

“哦！我看得出来，你十分喜爱阅读书籍和各种杂志。”

拿破仑·希尔很骄傲地接受了这项“指摘”。当这位女推销员刚走进来时，拿破仑·希尔正在看手中的一份文稿，这时候拿破仑·希尔把稿子放了下来，想要听听她将说些什么。

用短短的一句话，加上一个愉快的笑容，再加上真正热忱的语气，她已经成功地中断了拿破仑·希尔的工作，使拿破

仑·希尔准备好要去听她说些什么。她只用了那个短短的句子就完成了最困难的工作，因为在她当初走进书房时，拿破仑·希尔已经下定决心，绝不放下手中的文稿，借以礼貌地向她暗示，拿破仑·希尔很忙，不希望受到打扰。

由于拿破仑·希尔自己也是一个销售术和暗示原则的学习者，所以拿破仑·希尔密切注意，想要看看她下一步的行动是什么。她怀中抱了一大卷杂志，拿破仑·希尔本以为她会把它们展开，开始催促拿破仑·希尔订阅它们，但她并没有这样做。

她走到书架前，取出一本爱默生的论文集。在以后的10分钟内，她不停地谈论爱默生那篇“论报酬”的文章，谈得津津有味，竟然使拿破仑·希尔不再去注意她所携带的那些杂志。不知不觉中，她给了希尔许多有关爱默生作品的新观念，使拿破仑·希尔获得了宝贵的资料。

然后，她问拿破仑·希尔：“你定期收到的杂志有哪几种？”拿破仑·希尔向她说明之后，她脸上露出了微笑，把她的那卷杂志展开，摊放在拿破仑·希尔面前的书桌上。她一一分析了这些杂志，并且说明拿破仑·希尔为什么应该每一种都

要订阅一份。《周六晚邮》可以让人欣赏到最干净的小说；《文学书摘》以摘要的方式把新闻介绍给拿破仑·希尔，像这样的大忙人最需要这种方式的服务；《美国杂志》可以向拿破仑·希尔介绍工商界领袖人物的最新生活动态等等。

但拿破仑·希尔并没有象她所想象的那般反应热烈，于是她向他提出了这样一项温和的暗示："像你这种地位的人物，一定要消息灵通，知识渊博，如果不是这样子的话，一定会在自己的工作上表现出来。"

她的话确实是真理。她的话既是恭维，又是一种温和谴责。她使他多少觉得有点惭愧，因为她已经调查过他所阅读的材料，而那六种她推销的畅销的杂志并不在他的书桌上。

接着，拿破仑·希尔开始"说漏了嘴"，他问她，订阅这六种杂志共要多少钱。她很巧妙地回答说："多少钱？呀，整个数目还比不上你手中所拿那一张稿纸的稿费呢。"

她又说对了。她怎能如此准确地猜出拿破仑·希尔的稿费收入呢？答案是她并不是猜的——她早已知道了。她的推销方法的一部分，就是巧妙地引导拿破仑·希尔把他的工作性质说

出来。她走进拿破仑·希尔书房之后不久，他就把手中的稿纸放在桌上，她对此十分有兴趣，因此，便诱导他去谈论这方面的事情。在拿破仑·希尔谈到自己的原稿时，曾经承认说这15张稿纸可以使自己获得250美元的收入。

于是，她离开时便带走了拿破仑·希尔订阅这六种杂志的订单，还有12美元订报费。但这并不是她利用巧妙的“暗示”和“热忱”所获得的全部收获。她征得了拿破仑·希尔的同意，又到拿破仑·希尔的办公室去进行推销，结果，她在离开之前，又招揽了拿破仑·希尔的五位职员订阅她的杂志。

当她停留在拿破仑·希尔书房的那段时间，一直不曾让他留下这个印象：拿破仑·希尔订阅她的杂志是在帮她的忙。

正好相反，她很自然地使他有了这个感觉：她是在帮助他。这是一种极为巧妙的暗示。

当这位聪明的女推销员一进到拿破仑·希尔的书房，并说出那段开场白之后，拿破仑·希尔就从她身上感受到了那股热忱。而且他深信，她的热忱并不是偶然出现的。她已经训练过自己，知道应该从客户的办公室中，或是从对方的工作或谈话中，找出某些她可以表现出热忱的事物。

热情换来信赖

身为部属，怎样才能做好自己的工作，并在此基础上进一步提高?

答案是：必须加深老板对你的信赖，让老板觉得你做的使他们满意和放心。

有一位一直为英国公司工作的先生，很有感触地说："这个公司的上司最不喜欢听到属下在接受任务时说：'NO'，而只爱听他们说'YES'。每当有工作要交给属下处理时，外籍上司都希望属下愉快地接受，然后说一句'OK！我一定会尽快办好！'或者说'OK！我一定会尽最大努力去做！'"

大多数公司也一样，工作中每个人都会碰到上司交代你任务的情况，这时，你会很自然地想到两个问题：第一，这是一件非常艰巨的任务，需要花费很大的精力和时间，我能不能

办？或者应该怎样去办？第二，向你布置任务的上司正在等待你表态，等待你给他一个明确的答复，你是尽自己最大努力去做呢，还是对上司说“不”？

你如果是个经验丰富的下级的话，此时你就应该知道如何做才能令上司满意。对第一个问题来讲，你不应考虑过多，不要过多地去想完成这项任务如何如何困难，更没有必要现在就担心自己一旦完不成会如何等等。你要牢记事在人为的道理和有志者事竟成的箴言，你还要明白你的上司不是初次与你接触，他对你的能力和水平是了解的，对你能否完成任务，也是心中有数的。因此，你可以直接避开第一个问题，然后尽量用最短的时间来考虑第二个问题，用明朗的态度回答“好的，我一定完成任务”，或“我会尽最大努力去做”等等。这时，你的上司心里就会有一种满意感、解脱感，进而还会因为你能为他分担重任对你产生谢意和更深的信任。

如果作为下属不了解上司的心意和脾气，在接受任务时支支吾吾、犹豫不决，或者认为此项工作难度太大而反问上司怎样处理时，上司便会感到心中不快；与此同时，对你就会产生或多或少的不良印象，比如“缺乏自信心”“不求上进”“怕负责任”等等，天长日久，你自己一再表现出在重要工作面前

无能为力，能推就推，能躲就躲，令上司无法信赖，那么离上司请你另谋高就的日子就不远了。

一位著名的金融家有一句名言：“一个银行要想赢得巨大的成功，唯一的可能就是它雇了一个做梦都想把银行经营好的人做总裁。”原来是枯燥无味、毫无乐趣的职业，一旦投入了热情，立刻会呈现出新的意义。

一个陷入爱河的年轻人，往往会有更敏锐的感觉，会在他所爱的人身上看到其他人都看不到的种种优点。同样，一个充满热忱的年轻人，他的感觉也会因之变得敏锐，可以在别人看不到的地方发现动人的美丽，这样，即使再乏味的工作、再艰难的挑战，都可以承受下来。

激情，就是那股把梦想变成现实的原动力！没有热情，一切都会变得平庸。

高考时，李素丽按照自己的意愿报考了北京广播学院。但是她以12分之差没能考上大学。落榜后的李素丽，当了一名公交售票员。

在售票员这个平凡的岗位上，李素丽通过多年的实践和一点一滴的积累，练就了能根据乘客的不同需求，给他们最需要的服务的本领。老幼病残孕，最怕摔怕磕怕碰，李素丽就主

动搀上扶下；上班族急着按时上班，李素丽见到他们追车就尽量不关门等他们；外地乘客既怕上错车，又怕坐过站，李素丽不仅百问不烦，耐心帮他们指路，还记着到站提醒他们下车；遇到堵车，她就拿出报纸、杂志给乘客看，以缓解他们焦急的心情；看到有人晕车或不舒服想吐，她会及时地送上一个塑料袋；遇到不小心碰伤的乘客，她赶紧从特意准备的小药箱里拿出常备的“创可贴”等等。

热情真诚地为乘客服务的李素丽赢得了广大乘客的尊敬，被人们誉为“老人的拐杖，盲人的眼睛，外地人的向导，病人的护士，群众的贴心人”。从1992年起，李素丽先后荣获“首都劳动奖章”“全国五一劳动奖章”“全国职业道德标兵”“北京十大杰出青年”“全国劳动模范”等荣誉称号。

1999年12月10日，李素丽组建了“北京公交李素丽服务热线”，在北京市首次为百姓出行、换乘车提供24小时的交通信息。从三尺票台到信息平台，从售票员到“李素丽热线”的负责人，37岁的李素丽接受了新的挑战。

有一位很有魄力、很有能力、也很能善解人意的上司，曾这样说过：“每一件工作都有难度，特别是重要的工作，难度

更大，正因为如此，才需要人们去完成。试想，如果一个人，连接受工作的勇气都没有，他又怎能产生解决困难的信心呢？怎么能够圆满地完成它呢？而这样的人又怎么能够赢得上司的信任呢？”

拿破仑几乎征服了整个欧洲，拿破仑所到之处，都会聚集成千上万的、自发组织起来欢迎他的居民，即使是一个毫不相关的旁观者，也不得不被当时的热烈情绪所感染。我们敬佩拿破仑，但我们更应该赞美拿破仑手下那些具有彭湃热情的士兵，他们同样都是最伟大的人。从这个意义上讲，对于企业的一名职员来说，是否具有工作热情就并非是一件小事了。每个员工都是企业的一名士兵，一个充满热情的员工必然会感染周围的每一个人，从而一起为企业赢得更大的胜利。

伊尔说：“离开了热情，是无法做出伟大的创造的。这也正是一切伟大事务所激励人心的地方。离开了热情，任何人都算不了什么；而有了热情，任何人都不可小觑。”所以说，热情是点燃生命的火种，热情是照亮前程的心灯。也只有那些心怀热情的人，方能绽放光彩绚丽的人生！所以，请保持一颗热情的心，让你的心中永远充满阳光，那是会给你带来奇迹的。

热情是行动的动力

热情是世界上最伟大的力量，是行动的力量源泉。一个伟大的人是因为热情而行动的人。充满热情，你自己也将被热情所感染，这时就没有任何东西能阻止你成功的脚步。

在战场上，对军队和职责的热情是促使将士们克敌制胜的强大动力，一旦没有热情，作战时的激情便不复存在，战争的结果就只能是失败。

一个学生是否喜爱他军人职业，很容易就能看出来。那些有乐观精神、积极上进的学生，做什么事情都干劲十足、神情专注、心情愉快，并且他们能把握机会，甚至自己创造机会，一心要把训练任务完成得更好。

在职场上也同样如此，只要有所突破，再坚持走下去，任何困难都会被克服。这就需要掌握工作要领，一旦掌握了其中

秘诀，困难的工作就会变得容易起来，同时自己也产生了工作热情。

热情和积极的心态与成功之间的关系，就好像汽油和汽车引擎之间的关系一样。热情是行动的动力。只要你凡事都怀有热情地去做，拿出你蕴藏的能力来，这股力量可以改变你人生中的任何层面，能扭转你的环境，使你美梦成真。

说到热情是行动的动力，使我想起了韩娜在《为自己奋斗》一书中所写的一个故事：

李函是某文化公司的总经理，在他刚创业的时候，他用他的热情谱写了很多的精彩案例。我们知道，一个企业的创业过程中，如果没有资金、没有人才，只在技术和市场的背景下去创业，那么，这种创业过程无疑是一场惊险的冒险，而李函的创业历程正好说明了这一点。他在刚创业的时候，凭借着极少的资金，开始了人生的转变。在刚开始的时候，他一个人担当了众多的角色，他既是领导者，为公司的发展制订发展目标，又是技术开发人员，他要把产品开发出来。他既是营销人员，在产品开发出来之后，他要把产品推向市场。他又是清洁工，当办公室很脏时，他要亲自去打扫。更令人惊奇的是，他在创

业时才20岁，尽管他本人给人一种精明强干、能够适应市场的变化的印象，但他还是给父母和朋友们带来了许多的疑问，人们都认为他不具备创业的资格。

但是，正是这样一个其貌不扬的年轻人，他通过自己的努力改变了自己的人生命运，经过一年的创业之后，他的公司无论是在市场份额，还是在人员规模上都有了新的变化。当人们问起是什么因素使他取得这样的发展时，他坦然一笑说："是我的热情，因为在我的每一步发展中，我都抱有极大的热情。我将自己的每一份精力都倾注到我的创业过程中，在每一天，无论在我身上发生什么样的困难，我都会以热情来对待，于是使我感到无比的快乐。"

李函的成绩是50%的热情加50%的勤奋换来的，只要你来到他所领导的公司，你也会被他的热情所感染。用李函的话来说就是："热情是一股力量，它和信心一起将逆境、失败和暂时的挫折转变成为行动。借着这股热情，你可以将任何消极表现和经验转变成积极表现和经验。"

想要有工作的热情，不要对未来抱有希望，希望并非只是一种"愿望"，它不是一种空洞甜蜜的感觉。希望是诚挚地去

期待某个所预期的结果。对这个期待越有信心，或所预见的结果越有可能，希望就越大。把你已经开始的梦想化为具体的目标，把具体的目标化为步骤，把步骤再化为任务，会提高你对自己能力的信心，以达成你所预见的结果。这个流程把你对那个愿望或梦想的希望注入你的心中。而希望这个“爆炸性的”成分为一个人的热情增添了真正的动力。

最后，当你要达成目标去完成各种任务以及把梦想转化为现实的时候，你将体味到满足与喜悦。当你经历过这种满足与喜悦后，它将进一步增加你对追求更高成就的热情。这是一种滚雪球效应，更多的成就产生更多的喜悦，更多的喜悦产生更多的热情，更多的热情产生更多的成就，更多的成就又产生更多的喜悦。因此，虽然一开始你的热情、喜悦与成就可能是一个小雪球，但是在它滚到山底之后，它将变得巨大无比。所以，转化梦想的流程不只是一个把梦想化为事实的工具，它也是一座“处理厂”，它把热情的三种必要成分注入你的心中：愿望、希望与喜悦。

可见，热忱与对事业的执着追求，使赵磊不仅改变了自己的缺点，还成就了赵磊一生的辉煌。同时，从他的身上我们也真正地感受到：无论我们现在的工作是多么微不足道，只要我

们能以自己的工作为荣，用进取不息的认真态度、火焰似的热忱、主动努力的精神去工作，那么，用不了多久我们就会从平凡的工作岗位上脱颖而出，崭露头角。甚至这种以工作为荣、积极主动的精神会帮助我们取得更辉煌的成就。